U0034891

創業名人堂

Entrepreneurship Hall of Fame

一本屬於台灣創業家的紀錄專書
精選百工職人們的創業故事

灣闊文化出版社
WAN-KUO CULTURE PUBLISHING

灣闊文化的 LOGO，是由許多小點組成的台灣，每一點都代表著創業家心中被點亮的創意。LOGO 上的紅色三角，則代表著創意不斷向外擴展，讓台灣得以走向世界。

我們深信，所有台灣在地的品牌故事都值得被紀錄，並被永久保存於國家圖書館，讓我們的下一代也能認識，這專屬於台灣的創業名人堂。

推薦序

有願就有力量

　　我從台灣臉書廣告代理商離開後，創業已經邁入第三年，很多人會問我：「你哪裡來的勇氣，毅然辭去努力經營了十七年的網路行銷資歷，歸零，從頭開始？！」我的答案是：「我想要用精油改變更多人的生命！」

　　沒有人是天生的創業家，身為創業者，你必須每天行動，不行動就會被超越。創業就是要成功，不能去想你會不會成功，當你沒有力量的時候，就要不斷不斷地承諾。有強烈的企圖心就會達成，如果你真的要成功，是沒有人可以阻止你的！

　　創業名人堂來到了第六集，真的好精彩，這代表有更多人願意，用行動力去記錄他們的夢想。「只要有願，就會有力量。」人活在這個世界上短短百年，讓我們好好愛自己，為自己跟這個世界做點貢獻，即便創業維艱，但是上帝不會丟一顆你接不住的球，只要你願意相信，你所有許下的願景必將實現。

——Pure Joy 美好生活・芳香精油學苑
創辦人游紫韶

目錄

員郭醫院
神經脊椎專家
方鵬翔主任

圖：員郭醫院引進醫學中心等級先進設備和複合式手術室，為人們提供專業完善的治療

當醫德與醫術交會，看見希望與奇蹟的綻放

猶如生活與人體的交織線條，神經外科醫學精密而奇妙，醫者在診間和手術室內，應對專業上的挑戰與謎團，每一刻皆與病患的健康息息相關。位在彰化縣的員郭醫院神經外科，在神經脊椎專家方鵬翔主任的領導下，以完整的治療、醫學中心等級先進設備和複合式手術室，致力於打造台灣第一家神經脊椎專科醫院，為每一位前來看診的患者解決問題及疼痛，帶給他們生命的光亮和希望。

中西醫雙行，志願遠赴偏鄉與海外行醫

成長於台南新營安逸舒適的小城，員郭醫院神經外科方鵬翔主任的成長經驗和受教育過程，與人們印象中培養出一位醫生的方式不太一樣。「我的父親從我和妹妹還小的時候，就會帶我們到新營四周的山裡露營、認識植物和草藥；幼稚園和小學時期，每當我在上課時，被窗外一些新奇有趣的事情吸引而分心，甚至跑出教室追飛過的蝴蝶，我的父母也跟老師說允許我這樣做；他們不僅對我的在校成績沒有任何要求，更鼓勵我可以擁有很多想法，不需要一板一眼地唸書及考試。」

方主任坦言自己的父母親真的很特別，也非常感謝他們的成全和包容，接納且允許他當一個比較特別的孩子，因此促使他在進入醫學院後，除了能靈活地吸收課本知識外，還有強大的動手能力，以及更容易激發出開創性的想法和思維。

作為第一屆可同時修讀中醫和西醫的學生，當年方主任除了面對龐大繁雜的課程之外，思維靈活、執行力強的他，也利用休息時間自費學習針灸和氣功，更同時擁有中醫專科執照、中醫營

業執照和西醫執照，造就了他與今日許多單純學習西醫的神經外科醫師之間的差異性，方主任深深相信這是上帝對他的奇妙引領。

不僅成長經驗和受教育過程和別人不一樣，出社會後方主任也選擇了一條不同於一般醫生的職涯道路，他提到：「離開學校後，我在醫學中心當小菜鳥醫師，隨著身心和醫術都更成熟後，就開始我的偏鄉服務，在屏東東港服務三年；相較於城市，偏鄉的醫療資源普遍缺乏，在我到任前，當地患者經常需到高雄或其它城市開刀，我到任後的三年內，許多需要開刀的病患都能在就近的治療下逐漸康復。此外，我也曾經擔任無國界醫生，當時很年輕、很敢闖，背包背著就前往貧瘠甚至是戰爭國家，例如：兩伊戰爭期間，我便接觸到許多外傷病患，也曾經帶隊到巴布亞紐幾內亞，該國老百姓平均年齡只有 50 多歲，外傷病患非常多，但是醫療資源十分貧瘠，因此，當我們提前三個月公告會有醫生過來義診，很多人是提前好幾天甚至是三個月開始走山路過來等待。」

種種特別的經歷，為身為神經外科醫生的方主任訓練出扎實的基本功，累積的開刀次數也比一般外科醫師超出許多。「這些醫療貧瘠的地方，讓我有與眾不同的開刀經驗，大大刺激了我的想法和治療策略，我看病是出名的慢，因為我認為治療方式應該循序漸進，讓病患以適合他們的方式恢復健康，更主張『除非必要，否則不開刀』。」

圖：成長於醫療相關行業家族，方主任承傳家族創業精神，為醫療事業奠定堅實基石

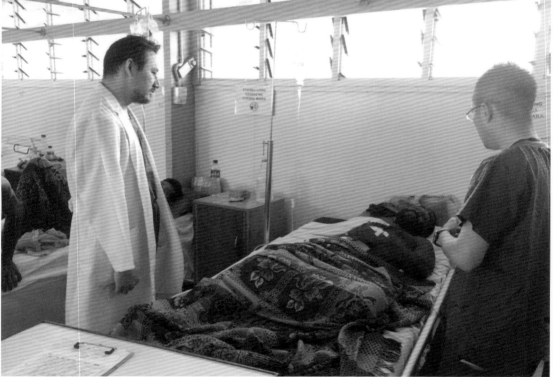

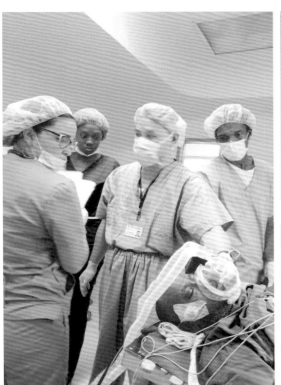

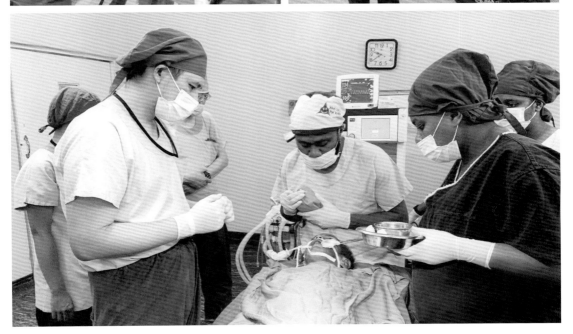

圖：方主任擁有豐富的海外行醫經驗，匯聚多元國際視野，回台後更結合此寶貴經驗貢獻於醫療專業中

醫學世家與創業精神之生命傳承

　　談到創業，方主任鄭重地說：「創業是我這輩子最值得的冒險。」由於家族在早期便經營醫療相關行業，祖父經營藥廠和藥局，父親是一名藥師及中醫師，或許方主任天生帶有的冒險基因，就傳承自祖父和父親，他們過去從零開始打拚，建立起自己的事業，方主任在耳濡目染之下也習得了長輩們的創業精神，特別喜歡挑戰自我。

　　回顧過去三十多年的醫生職涯，方主任任職於醫學中心十多年，也前往偏鄉醫院服務群眾，在貧脊地區擔任無國界醫生；擁有堅定信仰、樂於助人的他，不同於其他同行紛紛到大城市的大型醫院發展，方主任看重「基督教醫院不以盈利為目的」之特點，選擇在 2016 年來到彰化員林剛創立不久的「員林基督教醫院」任職，開啟了他在員林這座城市的深耕。

　　2022 年，員郭醫院郭鐘添院長的一句話，喚醒了方主任的創業夢想。「郭鐘添院長邀請我在員郭醫院以類似內部創業的形式來開展神經外科，問我『會不會想要打造一個自己想要的環境？』」經過慎重的思考，方主任認為以該形式建構起神經外科更能發揮自己的想法，例如：以醫學中心的設備等級來打造醫院神經外科，並且擁有相比醫學中心和一般醫院都更為彈性、更加自主的選擇權。因此，該年 9 月方主任加入員郭醫院，開始自己在神經外科的第一天門診；或許壓力和工作量都增加，需承擔更加重大的責任，但能以「帶給病患更好的醫療」為核心，促使自己各種想法落實，擁有更強健的執行力，方主任感謝當時的自己做出這個決定。他真切地說：「我總是想開創點什麼不一樣的，這讓我的生命旅程寬廣，並且充滿意義。」

圖：員郭醫院環境明亮、空間寬敞，舒適的環境讓患者安心就診，擁有宜人的醫療體驗

圖：持續精進醫術，並且保持同理心，方主任秉持在醫療領域中注入專業與溫暖

化挑戰為經驗，擁有七張專科執照的現代華佗

　　或許是先前累積下來的豐富經驗，方主任表示，從零開始設立員郭醫院神經外科，並未遇見特別困難或解決不了之事，這亦讓他提醒自己身為一位醫生，持續學習和進步的重要性。行醫多年，方主任對於精進自己的醫術絲毫未曾懈怠，他不放棄任何能夠學習的機會，只為提供病患更好的醫療服務，也因此他不僅取得博士學位，還擁有神經外科、神經重症科、疼痛科、抗老化及再生醫學科、一般外科、中醫科、家醫科等七張專科執照，並且學習各種醫學新知、新儀器、新技術和新方法。

　　「除此之外，關於用藥的心得、超音波導引再生療法、針灸、乾針、浮針、小針刀手法、水冷式低溫高頻療法、脊椎內視鏡手術、微創手術、經顱磁核共振治療等，我也會投入時間，一步一步看書、上課，甚至是跟診累積經驗。」宛如華佗再世，方主任持續精進醫術之外，亦相當重視面對患者時保有同理心，為病患解決其問題及疼痛。對方主任來說，醫生不僅是一位純粹的專業角色，也是能夠關心他人的個體，而同理心則可幫助看診的過程產生更多的傾聽、理解與回應。

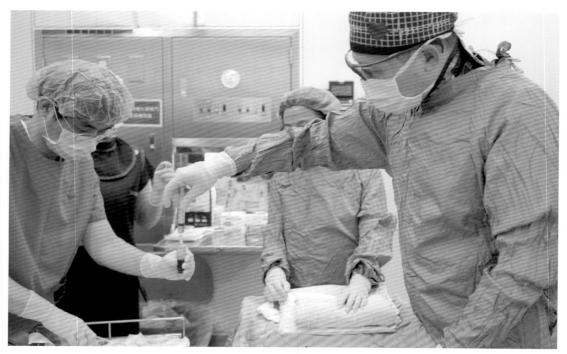
圖：具備完整治療與先進設備，員郭醫院在方主任帶領下，提供患者最先進的醫療照護

打造神經脊椎專科醫院：完整治療、先進設備、複合式手術室

肩負建立神經外科的使命加入員郭醫院，方主任夢想著打造一間神經脊椎專科醫院，讓所有與神經脊椎相關的問題，包括：頸椎、腰椎、肩、頸、膝蓋等關節退化，疼痛、骨質疏鬆、四肢骨折、骨贅瘤、水腦症、腦神經中風、顱骨缺損、脊椎神經損傷，皆可在員郭醫院得到合適的治療。為了提供完整的治療，例如：從藥物、打針、高頻熱凝、神經阻斷等保守治療到再生醫學，以及最後必要時才做的開刀治療，方主任採取使用醫學中心的標準引入所需的先進設備儀器。

他談到：「雖然員郭醫院是區域型醫院，但引入的醫學中心等級設備先進而多元，包括：AI導航系統、追蹤式顯微鏡、高頻電磁波、腦部磁刺激等，即使評估引入這些儀器會在財務方面有所虧損，我仍決定為病人的健康帶來好處而投入。」方主任期盼為台灣打造出神經脊椎專科醫院，並且讓台灣站上國際舞台發光發熱，正如同聖經中所提及的「作光作鹽」。

除了投資先進儀器設備，員郭醫院神經外科亦採用與醫學中心同等的「複合式手術室」，以患者不動、儀器動的形式，降低手術風險，同時還可即時傳輸影像，立即得知開刀癒後情況。「我在開刀前先為病患做 3D X 光，運用 AI 精準定位、追蹤式脊椎導航系統，讓患部以 3D 立體的方式呈現，促使我判斷出最有利的診療方式；這些先進醫療設備的輔助，都是為了讓神經外科手術更為精準，讓病患有機會恢復健康，甚至恢復得更好。」

一年多以來，方主任和團隊帶來許多重大突破，包括過去傷口仍約有一公分大小的脊椎內視鏡和微創手術，在方主任的帶領下僅以兩個針孔就處理好一位媽媽長達十年的腕隧道症候群，以及一位病患長達二十年的五十肩沾黏；更在員郭醫院解鎖了金鋼狼手術、人工鈦腦手術、膝關節電燒、羊膜再生注射、內視鏡椎間盤摘除等多項讓病患有感的治療。

　　運用完整而精準的治療為醫學帶來嶄新一頁，方主任理想中的醫療服務不僅止於此，他更積極建立病友交流平台，成立臉書社團、LINE 社群作為病友之間的交流討論區，讓病友之間成為彼此的支持者；看重衛教資訊的他，更嘗試成立自己的網站、社群媒體平台，投入時間錄製衛教影片和分享衛教內容。

　　從小到大的成長、學習經驗都和其他同齡者不一樣的方主任，身為一位神經外科主任也展現了他與眾不同的一面，他笑談：「我的臉書帳號、LINE ID、手機號碼都是公開資訊，有病人打電話來，他們原本都以為應該是辦公室專員或助理接聽，每當我接起電話後，病人都會驚訝地說：『方醫師，沒想到真的是你哩！』」展現出方主任十足的個人特色與風範。

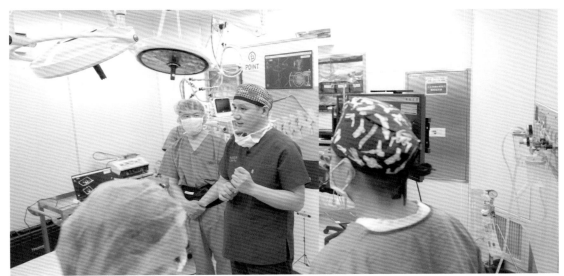

圖：信仰的指引下，方鵬翔主任將愛與關懷注入每一次治療，為病患帶來療癒與希望

尊重生命作為治療起點，祈願帶來光亮和希望

醫者總是對生命有著比平常人更多的感悟，尤其是目睹過各大天災人禍的方主任。西元 2009 年 8 月，颱風莫拉克侵襲台灣，降下破紀錄之降雨量，引發從中部、南部至東南部地區的嚴重水災，造成高雄縣甲仙鄉小林村多達 474 人慘遭活埋；當年方主任受命搭乘直升機前往重災區救治，但由於災情嚴重無人生還，當地陷入一片死寂，被派往救災的方主任，使命因此由救災轉為驗屍，並且在署立旗山醫院當地駐紮一星期。他回憶：「那時驗屍百具，味道之重，屍體之多，宛如地獄；這個特別的經歷，讓我學習到，面對生命的無常，我們真的需要謙卑，也讓我更看重眼前每個活生生的生命。」

直到現在，方主任依然經常想起自己老師的教導，那句「永遠要感謝你的病患，因為他們把生命交給了你」成為了他數十年醫療生涯的方向指南。方主任深切體會到，每位病患都是獨一無二的生命體，並提醒自己：「注意安全，勿驟下定論，一步步從點、線、面細細推敲，寧願慢卻不要錯。」

為了持續進步，為病患帶來光芒與希望，方主任積極與國際接軌，和歐美知名的神經外科專家保持聯繫；此外，他也鼓勵醫療團隊參與國際交流，了解嶄新的醫療設備和技術，這些都是他對醫療事業和高品質醫療服務的承諾。「只有當我們全力以赴，才能帶給病患更好的治療。」方主任說。

最後，方主任引用聖經《馬太福音》5:14-16 提到的一段話語：「你們是世上的光。城造在山上是不能隱藏的。人點燈，不放在斗底下，是放在燈臺上，就照亮一家的人。 你們的光也當這樣照在人前，叫他們看見你們的好行為，便將榮耀歸給你們在天上的父。」他真切知曉自己身為醫師的天職，並希望長年投入和自我要求，能持續為神經脊椎病患帶來一絲光亮和希望，因為對方鵬翔主任而言，走在這條充滿挑戰和責任的道路上，就是他此生最大的幸運及滿足。

品牌核心價值

員郭醫院神經外科，在神經脊椎專家方鵬翔主任的領導下，以完整的治療、醫學中心等級先進設備和複合式手術室，致力於打造台灣第一家神經脊椎專科醫院，為每一位前來看診的患者解決問題及疼痛，給予他們生命的光亮和希望。

經營者語錄

面對任何病患，皆是一個寶貴的生命，謹記注意安全，勿驟下定論，一步步從點、線、面細細推敲，寧願慢卻不要錯。

員郭醫院神經外科

醫院地址：彰化縣員林市員林大道六段 51 號

聯絡電話：04-8312-889

官方網站：https://www.spinensurgeon.com/

Facebook：神經脊椎的專家–方鵬翔主任

圖：德宣居家長照有限公司本著以人為本的理念，專注於全方位的居家長照服務

點亮生命之光的專業居家照護服務

　　人生是一場不可逆的旅程，從生到老、從病到死，正如大自然的四季更替，是人生的自然律動，每一個階段都有其獨特的價值和意義，等待我們去體驗及學習。生命的開端充滿無限笑容與希望，然而，時光匆匆，年輕的歲月往往一去不再復返，步入中老年後迎來的則是疾病與死亡，這促使人們不得不加以省思，在珍惜當下和欣然接受之外，還能以哪些積極的態度面對人生這場共同的宿命，帶著心安相互陪伴至生命的尾聲，對此德宣居家長照有限公司給予台灣社會一個明確而妥當的答案。德宣居家長照有限公司，深信專業、耐心和同理的價值，提供每位長照使用者家人般的陪伴與照顧，用關愛之手為每個家庭點亮生活的光芒，更期盼與志同道合者攜手，共同建構一個充滿幸福和健全的高齡社會，協助長者們安度美好晚年。

老有所依──打造一個幸福健全的高齡社會

　　根據國家發展委員會人口推估查詢系統的資料顯示，目前台灣 65 歲以上人口佔總人口比為 18.4％，正處於高齡社會，而根據數據預測，65 歲以上人口將在 2025 年突破總人口的 20%，這意味著每五人就有一人的年齡高於 65 歲，台灣將正式邁入「超高齡化社會」；這一社會結構的轉變，引起了人們對於養老保障、健康照護和社會福祉等議題的關切，而政府的當務之急，則是建立更為完善的社會體系，以因應不斷變化的人口年齡結構。

　　隨著青壯年人口的迅速衰減，以致於長者照護的需求逐年增加，因此，擁有一個優良的健康照護系統變得尤為重要，在這方面，居家長照成為了社會所需的關鍵。德宣居家長照有限公司督導牛宥傑，不僅有專業的社會工作學系背景，更擁有多年豐富的老人長照社會工作經驗，他表示：「台灣即將進入超高齡化社會，居家長照已成為台灣未來照護的主要趨勢，而積極培訓本地居家照服員，引進外籍移工看護，是德宣努力而堅持實踐的主要方向。」

圖：台灣將邁入超高齡化社會，機構重視給予社區長者關懷，照片為中壢區新街里社區關懷之活動

　　透過提供專業而有溫度的居家長照服務，德宣居家長照有限公司致力於為桃園地區的長者營造一個舒適的生活環境，使他們在家中也能夠享受到細心的照顧，目前，德宣和其相關機構德宥、德甯總共有三百多名辛勤的居家照服員在崗位上奮鬥著，為桃園當地至少兩千戶家庭提供精良的居家長照服務。「我們是南桃園地區規模最為龐大的居家長照機構，除了德宣，在桃園其它地區也成立德宥和德甯，幫助在地的長者和家人安度一個有品質又愜意的晚年生活。」牛宥傑富有理想地說。

　　在強大而健全的照護系統之下，為台灣社會建構出晚年的幸福與喜悅，促使每個人都擁有一個溫馨而有尊嚴的晚年生活，同時讓老有所依成為走在實踐路上的理想，是德宣居家長照有限公司自成立以來持續專注投入、不懈於追求的遠大目標。

居家長照奮鬥者與理想路途上的艱辛及挑戰

　　成立一間居家長照機構並非易事，而成為一個全面的居家長照品牌更是一項艱巨的挑戰，德宣居家長照有限公司以其深遠的使命感和堅定的信念，不懈地追求為長者提供卓越照護服務，踐行著這一理念，所有努力的成果皆源於其創辦者豐富的經驗和明確的管理方針。牛宥傑指出：「創立一間居家長照機構有其特定門檻，需要醫療、社工、護理等相關學歷，並且擁有七年以上長照相關工作經驗，才符合設立長照機構的能力；此外，為了擁有完善而理想的長照服務，聘用優秀的員工和居家照服員，必須具備相應的資本額和完善的人力管理及福利制度。」

　　創建一間居家長照機構的過程對牛宥傑而言，平均耗時三年以上，而隱藏在其身後的是那份想為台灣長照竭力奮鬥、盡心盡力的誠意，因此，從員工在職訓練到品牌行銷工作，他珍視看待一切，對每一個細節保持著高度的關注，未曾有絲毫馬虎。牛宥傑深切地說：「台灣目前約有百萬家庭使用長照資源，未來邁入超高齡化社會之後，數量將會更為可觀，這是我們終將不能忽視的現實問題。」

　　目前，德宣與其相關機構所培訓出的居家照服員年齡最小 18 歲，最年長現年 60 歲，牛宥傑坦言，居家照服員年齡差距懸殊、經歷背景多樣，使得管理起來變得既複雜又費力。「一般而言，居家照服員可能是長照相關科系畢業，亦或失業、外籍配偶、二度就業人士以及家庭主婦轉職而從事長照工作，每個人的思想觀點因生活背景差異而有所不同，故在理解及溝通能力上亦產生巨大的落差，所以與每一位居家照服員進行有效的溝通，促使他們遵守及落實長照規範，一直是我們成立居家長照機構以來積極貫徹的宗旨之一。」

　　或許大家來自不同的生活和工作背景，但融合多樣性其實也正為長照領域注入跨世代甚至跨文化的包容性——年輕人受益於現代科技和新興知識，而年長者則累積出豐富的智慧及經驗，諸多不同的元素交匯在一起，不僅促進彼此共同學習，也增添照護團隊的多元性，公司亦能夠從中選派合適的居家照服員，充分滿足不同長者的實際需求，這亦是德宣和其相關機構得以自台灣競爭的居家長照環境中脫穎而出的核心要素。

圖：機構定期之團督會議，促進整體管理品質及工作進程

圖：德宣居家長照有限公司以其深遠的使命感和堅定的信念，不懈地追求為長者提供卓越照護服務

圖：「人本」──有同理心的照顧服務員，才能設身處地為服務對象的生活舒適著想

德宣居家長照三大優勢：多元、嚴謹、體貼

位在居住人口眾多的大桃園地區，德宣居家長照有限公司本著以人為本的理念，專注於全方位的居家長照服務，公司的地理服務範圍廣泛，覆蓋平鎮區和龍潭區；德宥提供中壢區和觀音區的居家服務；德甯則專注於楊梅區和新屋區，並於中壢區、觀音區、平鎮區、龍潭區、楊梅區、新屋區、八德區、桃園區、龜山區、大園區、蘆竹區等地提供喘息服務。

德宣和其相關機構的服務項目相當多元，從簡單的日常生活照顧服務，例如：個人餐食烹飪、外出陪伴、代購生活用品、就醫等，到難度高的身體照顧，例如：協助如廁、沐浴、更換尿布、進食及管灌、翻身拍背等，無一不貼心細緻，為需要專業照護需求的長者們提供一個安全無虞的日常進程。牛宥傑表示：「有許多長照需求者，當家人的照顧已超出負荷時，此時尋求專業人士的幫助其實才是最正確的方式，而我們會先了解該家庭的照顧問題及負荷壓力狀態，並且依照家屬的需求、家庭經濟狀況進行安排、規劃合適的照顧服務。因此，除了公費居家服務，也有醫院看護、外籍移工申請、住宿型機構、居家自費、安寧照顧這些服務。」

此外，牛宥傑語重心長地說：「長照服務即是照顧人的工作，因此，照顧的原則就是一個細微渺小的疏忽我們都不容許它發生，所以對於督導同仁及居家照服員的管理和訓練，機構給予極為高度的重視。」照護工作裡任何疏失皆會造成永遠的遺憾，因此，機構除了提供員工職前教育訓練，入職後亦有內外部的在職講師，將正確的經驗、規範及理念予以指導並加以傳承。「例如：我們會請外部專業講師來到公司，為我們的居家照服員進行翻身、拍背照顧技巧培訓，增強他們的專業能力、確保服務品質並同時提高工作時須具備的專業素養。不只服務項目全方位且多元化，擁有嚴謹的培訓及管理制度，本機構更因員工福利制度優良且完善，而吸引了相當充裕的人力資源，不同於其它長照機構家屬必須配合居家照服員的時間，相反地，尋求本機構協助的家屬完全可按照自己的時間和需求，配得相應的居家照服員；再者，由於本機構建立了嚴格的處分和獎賞機制，遂以服務品質而言，所選派的居家照服員亦屬於業界優質，長者能安心獲得最適切的照護。」

　　針對居家照服員，牛宥傑提出了一個在長照界尚處新穎的概念，他談道：「我們嚮往客製化管理，傾向於依照家屬的需求安排合適的居家照服員，期盼能最大程度地滿足個別需求，舉例來說：個案若需要會說客語的照服員，我們便會選派能說客語的優質人選，且直到家屬和服務對象滿意為止。」

圖：機構居家照顧服務員會議之現場情況

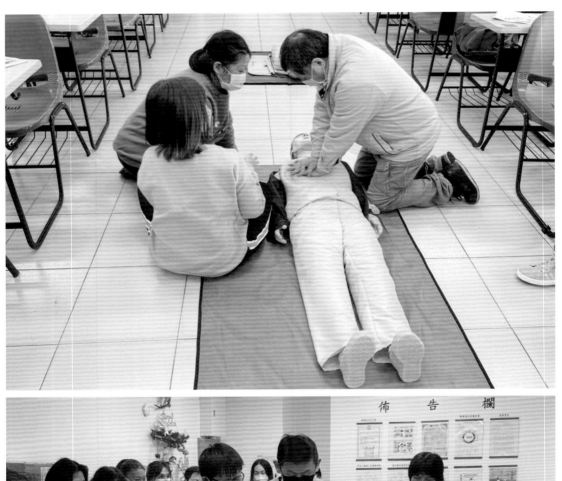

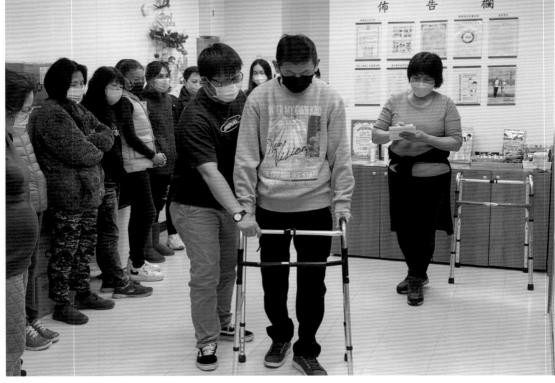

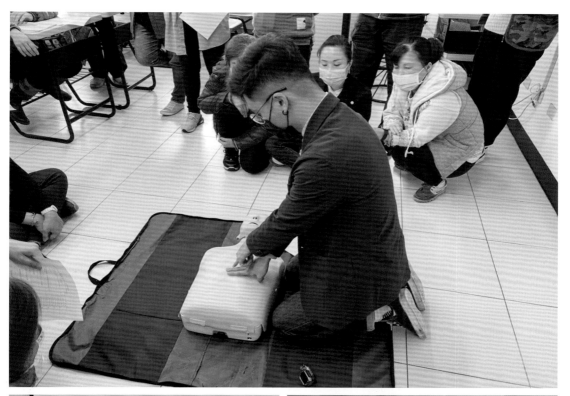

圖：專業講師定期教授和指導急救方法、照顧技巧，確保機構之受照顧者皆能享有最佳的照顧服務

圖：培養專業團隊，凝聚彼此的向心力，一同創造卓越。照片為機構之員工旅遊和聚餐活動

凝聚共鳴，創造卓越：利他為首的團體戰哲學

創業之路，猶如一幅充斥著坎坷和曲折的畫卷，五年的歲月讓牛宥傑深切體會著這份辛勞。為了公司全體上下和服務對象，五年來他未曾有過片刻休憩，亦不敢有絲毫怠慢，是這份堅持和毅力凝聚成他面對挑戰的堅韌意志，伴隨著他走過這段漫長的創業旅程，一步一腳印地成就著他所夢想的未來；然而，就在這成功的軌跡上，他卻謙遜地將一切榮譽歸功於他的團隊。

「在長照產業裡創業，絕非只靠注入資金即可開花結果。」牛宥傑深知這其中的奧妙，繼續說道：「最關鍵的是建立一支強大的團隊，因為孤軍奮戰是不可能成功的。」此外，除了擁有符合資格的相應學歷和長照工作經驗，他更強調，「尤其是初入行的創業者，我建議從基層工作開始建立人際網絡，在其中找到志同道合的夥伴並建立穩固的團隊，同時將長照資源加以運用及整合，唯有如此，才能真正具備足夠的競爭能力。」

五年的歲月，牛宥傑耕耘在居家長照這片他具備著專業與熱情的領域上，成就了數間品質卓越的居家長照機構。對此，牛宥傑獨具一套經營之道。他深深明白，在長照這個領域，只有做到「利他」才能達成自我實現，因為這不僅是創業，更是一場關乎社會福祉的使命，而成功亦當屬於那些懷抱著遠景，勇於跨越險阻和挑戰，毅然決然地追尋未來的奮鬥者以及生命的夢想家。

品牌核心價值

德宣居家長照有限公司，深信專業、耐心和同理的價值，透過以上信念提供每位長照使用者家人般的陪伴與照顧，無微不至的關懷；不僅關注生活的方方面面，更關心心靈的需求，用關愛之手為每個家庭點亮生活的光芒，是使命，更是責任；期盼與志同道合者攜手，共同建構一個充滿幸福和健全的高齡社會，協助長者們安度美好晚年。

給讀者的話
勇於跨越險阻和挑戰，毅然決然地追尋未來的奮鬥者，才能成為生命的夢想家。

經營者語錄
只有做到利他，才能達成自我實現。

德宣居家長照有限公司附設桃園市私立德宣居家長照機構
公司地址：桃園市平鎮區中豐路山頂段 66 號 1-3 樓
聯絡電話：03-403-1672
Facebook：德宣居家長照有限公司附設桃園市私立德宣居家長照機構
Instagram：@deyou_83403535

高鳴數學

圖：高鳴數學以因材施教且幽默的方式，讓數學在每位學生的生活裡輕巧綻放

遨遊數學之翼，繪就頂峰人生的路徑

　　無論是城市或者鄉村地區，補習班普遍存在於台灣繁榮的市井街坊間，其根源可追溯至競爭激烈的升學制度；不論是追求學業成績，亦或學習多元技藝，補習班在台灣學生的青澀歲月裡，扮演著舉足輕重的角色。為孩子選擇既能全面促長成績進步，並完善引領正確人生觀的補教管道，是不少家長在教育議題上所堅持的重要考量。作為全台首屈一指的數學教材編纂與專業師資培訓之教學品牌，高鳴數學採用「三等級教材、四階段學習、五步驟輔導」的學習方針，以因材施教的方式，讓奧妙的數學在幽默有趣的氣氛中，於每位學生的生活裡輕巧綻放開來，並藉由深邃而透徹的人生智慧小故事，在一堂堂數學課中帶領學生邁向充滿希望的嶄新未來。

在擺渡的人生中砥礪前行

　　若要談及人生的巔峰與谷底，從事數學教材編纂及專業師資培訓多年的高鳴老師，可謂是巔峰和谷底各走一回，並且嘗盡箇中滋味的智者與勇者。這一回，他以極為謙遜的態度，講述著自己從事教育產業及投身創業以來一路上的顛簸和堅毅，在此之中不僅有高鳴老師豐富深厚的教學心法分享，也有其自谷底翻身的精采人生故事，而他的一字一句都值得我們加以省思。

　　「我是高鳴數學團隊的創辦人『高鳴』，從事高中數學教學將近三十年，投入專業師資培訓十三年。」不同於以往多數人對於數學老師嚴謹的刻板印象，高鳴老師自我介紹時口吻既親切又和善。與許多積極進取且樂於助人的大學生相同，高鳴老師亦是自大學時代起便加入了大有可為的補教業界，「大學二年級時，我跟著一位志趣相同的朋友一起踏進補教界，逐漸磨練成站在大

圖：長年從事數學教育和師資培訓，高鳴老師說：「如果我只能許下一個願望，我希望全世界都跟我一起喜歡數學。」

講台上教數學的補教老師；後來，隨著自身累積出豐富的教學經驗，自然而然有了要創業開設補習班的想法，因此於民國 88 年在新莊經營起補習班，學生人數逐年成長，也栽培出多名考取台清交成等頂尖學校的學生，補習班業務蒸蒸日上。」

圖：高鳴數學創辦人——高鳴老師

或許因為事業飛黃騰達，處於人生巔峰的高鳴老師心境上開始出現細微的變化，他回憶說道：「不少學生畢業後主動提出回來補習班當輔導老師，所以那時年輕、事業得意又有『徒弟』跟著自己的情況下，我變得不那麼腳踏實地，胡亂揮霍加上投資失利，民國 94 年賠入了整間經營卓越的補習班。」不僅是整間補習班，高鳴老師也賠去如日中天的事業與人生，在發完員工薪水之後，當晚便發現自己的帳戶已空無一物，在連生活費都不知往哪籌措的情況下，開始了動盪的月光族日子。

宛如一個從巔峰中倒下的巨人，高鳴老師深刻地嘗盡了谷底的滋味，然而，也是這番巨大的生活變化促使他向自我的生命經歷取經學習，並以堅韌的心志與果斷的行動力自谷底大翻身，再次於補教業矗立而起。這次高鳴老師不再是開辦實體補習班，而是整建一支足以稱霸全台的教學團隊。

圖：高鳴老師走訪兩岸各地並放眼未來，期盼成立高鳴兩岸線上數位學院，提供偏鄉免費教學影片與教材，建立非營利教育網站串起全世界的教育

拿課本或帳本最重要的事：懷抱一顆熱忱之心

　　「不開補習班，我依然嚮往創業，至於能做些什麼，那時的我思考自身所擁有的『利基』，並且要在補教業這片紅海中開創屬於自己的藍海，我能做的就是教材、師資和授權。」於是，高鳴老師透過貸款一步一腳印地東山再起，由於培訓出多位具備專業素養、教育素養與教學熱忱的好老師，高鳴數學團隊的名聲慢慢在業界開展，高鳴老師也漸漸成為兩岸炙手可熱的數學補教師培名師。「在台灣目前有超過二十個合作校採用我們的數學教材和優秀老師。」高鳴老師指出。

　　從拿課本的老師變成拿帳本的老闆，高鳴老師表示，不論何者他皆懷抱熱忱，並努力將不同身分下該盡的責任與義務做到最好，他分享道：「當老師的時候，我不斷在思考如何讓學生覺得數學是有趣的，也一直在琢磨如何教得更好；當老闆這塊，我則積極涉略各種管理學、心理學、成功學的書籍，數學不會教我的事情，我向世界知名的大佬學習。」

　　至於台灣競爭又高壓的升學環境，是否間接促成了補教業蓬勃發展，成為一個相對容易的創業項目，高鳴老師語重心長地說：「隨著台灣社會邁入少子化、大學錄取率提高，補教業成了一個永遠不會倒閉的黃昏產業，雖然市場上依然有其需求量，但是產值早已不如從前。但或許，身為經營者的我們可以轉換一個心態，把重心聚焦在教育行業最珍貴的資本上——每位講台上的老師都有機會成為孩子人生中的貴人，這也是身為老師能做到的最高境界以及能體會到的喜悅。」

圖：高鳴老師積極培育青年師資，其團隊亦秉持著「用幽默讓數學走進你的生活，用專業讓數學改變你的世界」之教育理念，為全台多家合作校與學生共同創造出美好的數學學習體驗

用心編纂創新教材，辛勤培訓優秀師資

　　高鳴數學之所以特別，在於創辦人高鳴深切地汲取了自身寶貴的人生經驗，並將生命歷程中所收穫到的成長及哲思投注於其教育理念之中；富有「公共財」理想的他，也真誠而大方地分享高鳴數學之系列著作與優秀師資能在補教業界中屹立不搖的秘訣。

　　「教材的部分，我們著重在『三等級教材、四階段學習、五步驟輔導』——將教材依照程度分成基礎篇、段考篇、思考篇三種等級，學生可按照程度，安排學習的難度和份量，達到真正的因材施教；學習則可以分為上課、練習本、輔導課和考猜本四大階段，循序漸進，幫助學生在考試中達取佳績。」

　　高鳴老師的用心不僅如此，他更以創新的形式撰寫教材，對此他進一步談道，「講義上皆印有 QR Code，使用這本教材的學生掃碼即可觀看解題影片，並且可重複觀看直至學會為止；另外，我們更提供 24 小時免費發問的管道，令我印象深刻的是有位高一的同學，除夕夜那晚依然在線上向我們請教數學題。」高鳴數學團隊每年皆不停地研發和創新，只願能為所有想學好數學的孩子提供一個精良的補教管道。

　　談到師資培訓，經驗資深的高鳴老師順口說出兩句口訣——「外在五觀感」及「內在六能力」。多年來，台灣補習班如雨後春筍般湧現，吸引學生報讀並在市場中脫穎而出，已成為每

位補習班管理者的當務之急，而擁有專業又優秀的師資團隊提供高品質的教學，才有機會贏得學生和家長的信任與好評。長年撰寫師訓的高鳴老師表示：「學生決定是否跟這位老師，在於第一次上課老師的整體表現，包括：板書、自信、邏輯、生動和驚喜，這是『外在五觀感』；而決定一位老師的教學品質，則在於學科、講述、教案、幽默、場控和風範，所謂的『內在六能力』。」

　　由高鳴老師培訓出來的專業師資群，目前在全台多家合作校的課堂上輕快揮舞著板書，以靈活而幽默的口吻將深奧知識化作輕鬆閒談，帶領國高中學生穿越講義每一頁，全面有效掌握知識，並在面對問題時迎刃而解，以及最重要的，透過一個個啟發人心的生活小故事在數學課裡授予學生實用的人生智慧。「未來許多學科在生活中將派不上用場，因此我非常堅定地希望我的老師們，除了傳授學科外，還需教會學生如何面對現實社會，有能力解答親情、友情和愛情的難題，才是他們未來面對人生時最需要培養出來的能力。」言談之間，充盈著高鳴老師對於教育志業的理想，以及對待學生時所抱持的良善與關懷。

　　故事很長，但時間有限，接近訪談的尾聲，高鳴老師亦不忘勉勵和從前的他一樣，有志於創業的年輕朋友，他以溫和的語氣說：「年輕並非本錢，只是擁有嘗試的機會，務必想得遠、敢於不一樣，堅持下去終能被看見。」這一段話，高鳴老師走了一輩子，也道盡了他擺渡顛簸，仍舊砥礪前行的此生。

圖：高鳴數學除傳授學科外，還教會學生如何面對現實社會，有能力解答親情、友情和愛情的難題，
才是他們未來面對人生時最需要培養出來的能力

圖：高鳴數學的專業師資群，目前在全台多家合作校的課堂上輕快揮舞著板書，以靈活而幽默的口吻將深奧知識化作輕鬆閒談

品牌核心價值

　　高鳴數學，作為全台首屈一指的數學教材編纂與專業師資培訓之教學品牌，採用「三等級教材、四階段學習、五步驟輔導」的學習方針，以因材施教的方式，讓奧妙的數學在幽默有趣的氣氛中，於每位學生的生活裡輕巧綻放開來，並藉由深邃而透徹的人生智慧小故事，在一堂堂數學課中帶領學生邁向充滿希望的嶄新未來。「用幽默讓數學走進孩子的生活，用專業讓數學改變孩子的世界。」

給讀者的話

　　初期，模仿是最快的學習，熟練將獲得專業，但只有創新才換得到地位；中期，要留下年輕人，留下年輕人的四個要項：工作能勝任、老闆有賞識、環境能愉快、收入有未來；長期，堅持是很辛苦的，但你一定要堅持，因為最後被看到的，都是堅持下來的。賈伯斯曾說：「人活著，即是為了改變世界。」我沒有賈伯斯那麼厲害，但我想透過我的教育，讓孩子學到同理心、榮譽心和打死不退的上進心，讓他們去幫我改變這個世界，我便不愧對老師這兩個字。

經營者語錄

創業之初別人看不見、看不起，但只要持之以恆，終能成就別人看不懂，最後追不上的事業。

高鳴數學

官方網站：https://strgoandwin.com/

Facebook：高中玩數學

Instagram：@str_go_and_win

圖：ZONA | 佐納設計堅持原創設計與使用台灣原物料，每件服飾皆由國寶級工匠師傅親自操刀製作

以細節與質感引領無限可能的 MIT 原創設計品牌

　　過去由於許多現代紡織工廠的設立，台灣得以蓬勃發展紡織業，並且大規模輸出品質優良的產品至國際市場，為台灣經濟帶來顯著的貢獻，成為名副其實的台灣之光；然而，隨著時光的流轉，基於全球化浪潮以及台灣勞動力成本的上升，眾多紡織工廠紛紛遷往其他地區，以尋找更便宜的勞動力和生產成本。在數十年產業變革的浪潮中，ZONA | 佐納設計秉持以三十年跨世代的服裝設計之專業經驗，整合台灣紡織業上中下游產業鍊，堅持 100% 台灣卓越製造；在講究細節、注重品質的國寶工法傳承下，以個性獨特的設計理念捕捉恆久美學，在平實近人的價位上，為質感服裝打造出無限的細緻與品味，並於當前快速輪轉的時尚產業裡，走出屬於自己的風格舞台。

從訂做店學徒到服裝設計總監，三十年來的心路歷程

　　最早，這是一位女孩無比純粹卻又充滿憧憬的夢想，如今三十年過去，曾當過訂做店學徒、設計助理、打版師、設計師，最後成為服裝公司設計總監的 Sandy，仍然保持著彈性和輕盈，繼續走在追尋夢想的道路上。創立 ZONA | 佐納設計作為多元品牌的經營起點，現在的 Sandy 具備著相比以往任何時候皆更加深厚的專業知識、技術和產業經驗，在輕聲慢語之中，她聊起少女時期對服裝設計的熱愛、出社會以來豐富的工作經驗，以及近年投身創業後付出在品牌上的努力與堅定。

　　「國中時期，我非常喜歡畫四格漫畫，因此從中發現自己對色彩、美感有著比別人更強烈的敏銳度，畫漫畫同時也很喜歡為漫畫裡面的人物設計服裝，添加各式各樣的小細節，所以在求學階段就一直嚮往著未來走服裝設計這條路。後來，我順利進入二專夜間部學習服裝設計，白天則在一間服裝訂做店當學徒，一個月的薪水大約新台幣五千元。」白天到訂做店當學徒，晚上在學校學習服裝設計的專業知識，或許辛苦，卻也為 Sandy 在服裝設計的道路上，打下扎實而精良的基礎。

圖：好的創意與設計，需要專精的版型來呈現，為此 ZONA | 佐納設計投入大量時間與精神來實踐工匠達人的精神

　　出社會工作後，在服裝設計產業從擔任助理、打版師，到成為能夠獨當一面的設計師，前後只花費 Sandy 六個月時間，比起同行在業界的進程快上數倍，這一切皆源自於過去在訂做店扎實習得如何訂製一件完整且精美服裝的技法。三十年內，Sandy 歷練十足，無論是個性、少女、運動風的服裝，設計起來皆難不倒她；曾經為了因應一季五至十萬件的服裝生產，而必須在一天內設計五至十件作品，為她磨練出渾厚的「直覺打版技法」和敏銳的判斷能力，完美作品皆依靠她多年的專業經驗。

時代更迭下的品牌難處──讓消費者認識自己

　　由於先生工作地點調動，Sandy 從台北一路前進高雄，最終又從高雄來到了台中，期間經歷過一次因 SARS 疫情而導致的創業失敗，賠入大筆資金，也曾在服裝設計公司擔任設計總監，掌管原物料、產線、設計、公司發表會和財務，最後亦為一家電商品牌貢獻許多專業與資源；整體來說，雖然前後培養了規劃及營運公司的堅實能力，但每天睡眠時長不足四小時，生活可自我運用的時間亦大幅地被壓縮，Sandy 的身體終究是負荷不了，於是在考量付出與收穫不成正比的情況之下，她決定出走並二度創業。

　　成立工作室後，Sandy 一邊接單，一邊教授學生打版，後創立 ZONA｜佐納設計旗下品牌 Lanzona，以個性古典風的中高價位服飾為主打，只是未料這回碰巧再度遇上另一場疫情，又面臨了人們對購買新衣需求大幅下降的情況，可是這次 Sandy 決定與命運比拚到底，並在女兒的一席話下，決定敞開心胸、改變心念，重新投入設計與製作生活服飾，並將高品質融入其中。「我女兒問我，能不能設計適合她們這個世代，價格負擔得起而且獨特又有質感的服飾給她穿，加上本身擁有布料製造廠的人脈、服裝生產工廠的資源等，我決定結合我的專業技術嘗試看看，於是成立 Lalameet，讓更多人知道台灣強勁的紡織、製造、設計能力。」

　　2022 年 11 月中，ZONA｜佐納設計官網正式成立，Lanzona 和 Lalameet 在此相會，作為佐納設計的起始點，Sandy 表示創業最難之處仍屬行銷事務，她坦言：「專業的部分我可以獨當一面，未來甚至可邁向多元化經營，但如何讓更多消費者認識佐納一直是最大的挑戰。一路以來，聘請過行銷顧問團隊、廣告代操公司，直到最後才會到做品牌依然必須回歸原始方式，以面對面的模式讓大家認識我們，所以過去一年來積極新增寄賣管道、參與市集，讓品牌去環島是當前努力的方向，希望大家都可以認識到最純粹的佐納設計。」

圖：佐納設計在各地市集奔波，風雨無阻，只為把好品牌介紹給更多人認識

圖：Sandy 以三十年精湛的服裝設計經驗，在汗水與創意中打磨出完美時尚

圖：市場的探索是永無止盡的，佐納設計帶著這份熱切心情，讓品牌去環島，
打拚的奮鬥精神令人敬佩

佐納的堅持：原創設計 100%MIT，結合國寶工匠達人手藝

ZONA | 佐納設計，一個注重卓越品質和環保價值的品牌，將台灣的紡織優勢融入每一塊布料裡，每一款服飾中，堅持使用台灣原物料的精髓，從設計至生產的每一個環節，佐納設計皆全力傾注專業、用心和承諾。

在這個快速消費的時代，佐納設計堅守「少量製作、環保不浪費」的核心價值，以國寶級工匠師傅的巧手，親自打造每一件服裝，確保每個細節都達到完美，此般匠心獨具的製作方式，不僅提供消費者平價的選擇，更為他們帶來高品質、親膚和舒適的衣著體驗。此外，佐納設計的產品皆經過雙重布料測試和品質把關，確保每件產品都符合最高標準，其對於品質的執著，也促使消費者得以深信品牌並給予高度評價。

浮華喧囂的世界，佐納設計猶如一片清澈的泉水，流淌在時尚的河流中，為那些追求美觀及優質穿搭的人們提供了一處安身之所；它不僅代表著一個服裝品牌，展現著時尚專業，更是一種對環境、工藝和品質的堅守。穿上佐納設計的服裝，是穿起對於美好生活的熱愛，也穿起了對這世界發自內心的感恩及珍視。

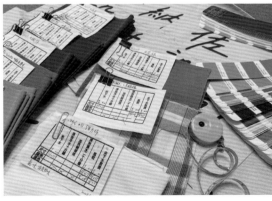
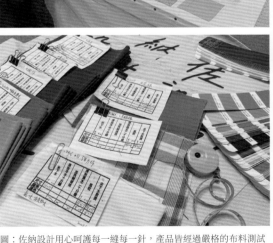

圖：佐納設計用心呵護每一縫每一針，產品皆經過嚴格的布料測試

圖：服裝團隊、攝影師、模特兒共同努力捕捉完美瞬間，背後的辛勞則完整體現在燈光、造型、場景所塑造出來的相片作品中

走一步學一步的實驗家經營哲學

　　商海茫茫無際，本著服裝設計專業與設計總監經驗，Sandy 再度啟程，開啟她的二度創業，卻也二度遇上疫情，或許風雨飄搖，但這一次她未曾放棄，而是決定勇往直前。「跟它拚了！」Sandy 笑著說。她的心堅定，堅不可摧，以專業和智慧，翱翔夢想的高峰努力奮鬥，對她而言，這條創業路上充滿機遇，充滿挑戰，也充滿期待。

　　若說是何種方法讓她的品牌在第二次疫情中生存下來，Sandy 的答案絕對值得我們參考。「我以實驗家的精神，走一步學一步，帶著開闊的心胸，去應對和解決眼前的難題，在所有分岔路上發揮敏銳的思考力和快速的決策力，培養能夠應對市場壓力的良好心態，跟隨自己的步調同時進步成長，才能讓品牌持續前進，度過一切難關。」走一步學一步的實驗家哲學，是 Sandy 的經營經驗，也是她最樂於分享的人生體悟。

　　除了寄賣點與市集，接下來 ZONA | 佐納設計更要發揮本身的工匠達人精神，成立旗下全新品牌，讓熱愛服裝的朋友們，都能走入「職人實體概念館」，看見匠心的執著，更一同共享服裝的專業之美。

圖：佐納設計團隊各司其職，共同合作，為彼此創造出無可比擬的成就與回憶

品牌核心價值

　　ZONA｜佐納設計秉持以三十年跨世代的服裝設計之專業經驗，整合台灣紡織業上中下游產業鍊，堅持 100% 台灣卓越製造；在講究細節、注重品質的國寶工法傳承下，以個性獨特的設計理念捕捉恆久美學，在平實近人的價位上，為質感服裝打造出無限的細緻與品味，並於當前快速輪轉的時尚產業裡，走出屬於自己的風格舞台。

經營者語錄

走一步學一步，帶著開闊的心胸，去應對和解決眼前的難題，在所有分岔路上發揮敏銳的思考力和快速的決策力。

給讀者的話

除了自身的專業，創立品牌後如何讓消費者認識及信任自己是最大的挑戰，也是每一位創業者都須努力的方向。

ZONA｜佐納設計

公司地址：台中市北區自強街 28 巷 14 號
佐納設計概念館：台中市東區復興路 4 段 20 巷 11 號
聯絡電話：04-2252-268、04-2360-1041

官方網站：https://www.designzona.com/
Facebook：ZONA 佐納服飾設計
Instagram：@zonadesign.co

Angel's Flowercake Studio

圖：在這片璀璨的花海中，時光終將與美麗交織，師生們一同追尋著心中的無限可能

讓蛋糕變得優雅又療癒的擠花魔法

　　近年來，全球各地的影視、音樂及時尚圈，都吹起一股令大票粉絲所著迷的「韓風」，其優質而出眾的製作呈現，使得韓國流行文化元素迅速席捲世界各地、征服每個人的心，在烘焙界亦不例外。源自於韓國的「韓式裱花」，以其美感與創意兼具之獨特技法，將平凡的蛋糕妝點成驚豔的藝術品，精緻而多變的特質，讓這擠花魔法逐漸在台灣烘焙界蔓延開來。Angel's Flowercake Studio 創辦人蔡亞璇老師，擁有多年韓式裱花蛋糕教學經驗，更是當今韓式裱花業界許多創業者和教學者的老師；然而，她的初衷未曾改變，直至今日依然想把自己熱愛的韓式裱花技法教授給更多與她一樣，對美好事物有所追求及堅持的學生們，並將這份視覺的豐盛和心靈的療癒甜蜜地傳遞出去。

人生不只如此，還有更多美妙事物要追尋

　　「生完孩子後，覺得人生好像走得差不多了！」蔡亞璇老師充滿氣質地笑著說。那是她在回顧創業前至創業後所有的片段中，令人印象頗為深刻的一句話。

　　在開辦 Angel's Flowercake Studio 以前，蔡老師在前公司擔任老闆的日文翻譯，如同許多艱辛的職場女性共同面臨的懷胎、生產及育兒過程，蔡老師選擇留職停薪，給予自己和新生兒更多的家庭空間；然而，隨著返回工作崗位的日子在即，蔡老師開始有了與從前不一樣的想法，一個發自內心的聲音真切地問著她：「難道後半生，就要在公司這麼一直工作下去嗎？」蔡老師心裡清楚明白，回公司工作不是唯一的選擇，她的人生沒有在生完孩子後走到盡頭，她還有一個藏在心底已久的夢要去追尋。

「從小我就對烘焙充滿著熱情，但是生在升學主義為重的台灣，父母不鼓勵我走烘焙這條路，而是希望我專心唸書，在未來尋得一份穩定的辦公室工作，我也如同他們所寄望的從事日文翻譯工作。後來，在留職停薪期間由於有更多時間嘗試自己喜歡的領域，我接觸到韓式裱花，當時一接觸就覺得驚為天人，發現這才是我真正想要在後半生專注投入的事物，於是開始鑽研；從接朋友的單開始做起，到教朋友們擠花，再到之後他們建議我認真思考開課的可能性……」蔡老師回憶說道。

　　在這段甜蜜的追夢過程中，蔡老師一口氣考取十多張韓國協會頒發的韓式裱花證書，也取得了該領域的教學資格，用熱忱與努力點亮了自我的創業之路，更啟發許多人得到尋找夢想的勇氣。

圖：蔡亞璇老師不為人生設限，追尋喜愛事物，並以好奇心與勇氣開創無限可能

圖：Angel's Flowercake Studio 位在新莊，環境舒適典雅，讓參與課程的學生在優雅氛圍中，悠然學習韓式裱花

在教學歷程中收穫溫暖的人際連結

　　最初，蔡老師租借自家社區的媽媽廚藝教室進行擠花教學，或許是當年台灣對韓式裱花的概念與技法皆處於起步階段，少有相關的課程教學，因此在開課後便迎來不少學生詢問；為了尋求品牌的專業度和交通的便捷性，兩年後蔡老師將教學地點遷移至目前新莊工作室的位址，經營至今也度過五年多的時間，在這期間有好多故事可以述說，而第一個在眾人記憶中烙下深刻印記的則是那場蔓延全世界的世紀疫情。

　　蔡老師表示，「因疫情的爆發和侵襲，政府對全台室內場所立下人數限制規範，我因此無法繼續實體教學，在暫停開課的兩、三個月裡，我思考了做線上課程的可能性，最後自己成功地完成三堂線上課程的拍攝。」疫情因素促使台灣眾多線上課程平台崛起，該類平台的業務也前來與擁有專業技藝和教學經驗的蔡老師洽談合作之可能性，於是，在平台建置網站和課程拍攝的協助之下，蔡老師順利完成另外三套線上課程的製作，為 Angel's Flowercake Studio 韓式裱花課程開啟更多元的教學型式。

　　除了令人印象深刻的疫情，創業的路上還有另一件事讓本該艱難而孤獨的旅程變得豐富多彩，也讓蔡老師興奮直呼「真的好溫暖」，那就是學生們所給予的暖心支持。蔡老師的學生遍佈

世界各地，從香港、馬來西亞、台灣南部遠道而來的學生不在少數，課程結束後他們依然與老師保持著緊密的聯繫；有些學生會帶著自己精心製作的手作作品前來分享，甚至也有國外的學生想在疫情嚴重的日子裡，寄一箱唾液檢測劑到台灣來。

　　他們如同蔡老師生命中溫暖的陽光，照耀著她踏實的創業之路，也成就她人生中極為珍貴的養分，蔡老師從這段難忘的教學歷程中，深刻體會到教育的力量與價值，並感性地說：「透過擠花教學，我有機會認識各式各樣的人，這份事業對我來說不是只有賺錢獲利，更多的是收穫到非常多溫暖的人際連結。」

圖：蔡亞璇老師資歷豐富，Angel's Flowercake Studio 亦擁有多元的線上課程，引領學生跨越時間和距離自在地學習

四階段課程：讓韓式裱花實現各式夢想

「韓式裱花是一門糕點裝飾藝術，巧妙運用各種花嘴，讓蛋糕翩然綻放出花朵和葉片的美妙模樣，進而營造出繽紛鮮豔的視覺盛宴；而它所使用的材質之多元性更讓這門技藝倍顯神奇，豆沙霜、奶油霜、巧克力霜、乳酪霜皆悉數登場。不少專業烘焙店及餐飲學校紛紛引進這項技術，因為韓式裱花技術可為糕點帶來更多的創意與驚喜，讓原本售價平凡的蛋糕變身成藝術品般珍貴。」蔡老師充滿熱情地指出。

深受業界喜愛的 Angel's Flowercake Studio 韓式裱花蛋糕工作室，提供學員多達四階段共十四種課程選擇，從一日擠花體驗課程、線上擠花課程，到一對一和一對二的實體專業認證證照班以及師資班，學生可以依據自身需求和目標選擇適合的課程，在紛飛的花瓣與綻放的花蕊中，實現各種多彩而瑰麗的夢想，尋覓屬於自己的美好時光。

在這片璀璨的花海中，時光終將與美麗交織，師生們一同追尋著心中的無限可能。

將擠花甜點製作成為美麗也可口的藝術品！

蔡亞璇 Angel

- 具有多年擠花經驗
- 韓國認證的擠花師資證書
- 教過的學生近千人

講師資歷

- ·KCDA豆沙裱花 初階證書/高階證書/師資證書
- ·KFDA豆沙裱花 師資證書
- ·GFDA豆沙裱花 初階證書/高階證書
- ·ICDA巧克力裱花 師資證書
- ·AFCT刮刀花師資證書
- ·KLHA奶油土擠花師資證書
- ·IFA奶油土大師藝術師資證書
- ·KFDA鮮奶油擠花師資證書
- ·KFDA奶油花師資證書
- ·SFCA牛奶霜擠花證書

Angel's flower cake studio

優格乳酪霜
韓式擠花蛋糕

精緻手工甜點技法課

立即選課

Angel's flower cake studio

韓式麻糬擠花

＊精緻手工甜點技法課＊

Angel's flower cake studio

寵物鮮食擠花

＊精緻手工甜點技法課＊

擠花月餅 / 肉肉蛋糕 / 杯子蛋糕

Angel's flower cake studio

韓式擠花×花束蛋糕
＊精緻手工甜點技法課＊

蔡亞璇Angel 老師

Angel's flower cake studio

韓式擠花×花漾月餅
＊精緻手工甜點技法課＊

蔡亞璇Angel 老師

圖：眾多學生精心製作的美麗作品，是蔡亞璇老師創業路程上，感到最具成就感和意義之事

誠實與正直，是最柔軟而有力的武器

　　Angel's Flowercake Studio 廣泛獲得學生的認同和信賴，激勵蔡老師持續前行，全因她自身所擁有的優良心態；蔡老師深信誠實和正直的價值，並自信地表示：「我們是一間不怕你來競爭，也不會藏私的工作室。」與其他專業領域相同，許多開設工作室從事教學者，會擔憂學生學成後變成自己的競爭對手，因而隱藏自家的獨特秘訣或重要技法；然而，對於熱愛韓式裱花的蔡老師而言，她真心希望推廣這項美麗又甜蜜的烘焙藝術。

　　「把學生由對擠花零概念教到完全熟練，是一件很有成就感且有意義的事情，所以我會細心教導他們，在學生完成證照班或師資班後，也會輔導他們開設工作室。」如此負責而完整的售後服務，讓曾向蔡老師學習過的學生深深感激，也因此推薦更多有心學習的學生，她笑談：「很多人都是上課到最後才發現，原來是以前的學生介紹來的！」

　　是誠實與正直，讓 Angel's Flowercake Studio 建立起堅穩又響亮的口碑，蔡老師也總是叮嚀著想創業的學生們：「不求快，但要求好，一步步地把品牌建立起來，也時刻精進自己的技術，多學習對這項工作有幫助的相關知識，例如：繪畫、插畫、攝影等，並且將它運用在自身的專業上。這樣一來，我們終將走在最前方，擁有著不怕被學習、被抄襲的武器。」

　　以柔軟化解尖銳，這樣的武器最堅強有力，蔡亞璇老師深諳其中的智慧，也為所有學生立下了最為優雅、芬芳的典範。

品牌核心價值
Angel's Flowercake Studio，透過多堂專業而多元的擠花課程，帶領喜愛追求及堅持美好事物的學生們，與優雅又療癒的韓式裱花來一場迷人的精采邂逅。

經營者語錄
愛其所擇，擇其所愛——「選擇自己所愛，愛自己所選」。

給讀者的話
人生只有一次，務必盡情做自己想做與喜愛的事情。由於想把擠花的療癒與幸福感傳達給大家，因而成立了擠花教學工作室，我們重視學生學習擠花時的感受以及技法之傳授，願能和大家共同在韓式裱花業界細水長流。

Angel's Flowercake Studio
工作室地址：新北市新莊區中央路 724 號 9 樓
聯絡電話：0978-797-061
Facebook：Angel's flower cake studio 韓式裱花 / 彌月蛋糕 / 婚禮蛋糕
Instagram：@angel_flowercake_studio

島嶼的義法料理

鹽岸

圖：在鹽岸，烹飪成為一種藝術，品嚐成為一段旅行

島嶼風情餐桌上的極品異國饗宴

　　座落在山海交界，彰化擁有得天獨厚的天然環境，孕育出多元而純淨的特色山、海、農產，為當地人的餐桌創造出無限可能的層次風味。位在彰化的「鹽岸—島嶼的義法料理」，深深感受到這片土地所賜予的寶貴資源，巧妙地以環境賦予的無窮靈感作為料理的靈魂，將極致的異國美味與台灣餐桌上的山海風情相互融合，為每一位品嚐者打造出菜單上多種新鮮而精緻的獨特餐食，這股別緻的風味亦悠然成為彰化本地的另一道迷人風景。

深厚西餐與食品功底，為彰化提供質感用餐空間

　　暖黃燈光下，簡約的石板桌、精緻的餐具與質感的木質牆面，相互交映出一場宛如時空錯置的料理饗宴，這充滿異國人文氣息的用餐環境，正位於彰化市本地，搭配著別具意境的名字「鹽岸—島嶼的義法料理」，著實令人一眼難忘。老闆 Dan 滿懷熱忱與活力，一邊講述著創業故事，一邊介紹著家鄉特產，在兩條並行的故事線下，為我們演繹一段既深刻又精彩的創業人生。

　　從事過餐飲、網路、食品相關行業，Dan 回憶起最初在西餐廳工作的那段時光，「當時在台北兄弟大飯店附近的西餐廳工作，餐點走高單價路線，因此對於員工在餐飲領域的專業度和服務品質具有相當程度的要求，熟記中英文菜單是基本功，更必須熟悉超過三十種刀叉、銀器的用法及順序，在這工作一年多的訓練之下，幫助我建立起內外場全方位的餐飲行業實力。」離開西餐廳，Dan 相繼在日式居酒屋工作，並在擁有西式、日式的餐飲經歷後，投入長達七年的時間於希臘優格食品製造，客戶主要為百貨商場，製作出來的希臘優格專供五星級飯店作商務使用。

圖：在鹽岸，空間透露淡雅光影的簡約之美，顧客在精緻餐器之間享有悠然用餐時光

　　堅實的西餐與食品基礎，為 Dan 日後的創業奠定起廣闊的視野，他以自身對於餐飲的獨到見解，與太太 Gloria 的甜點品牌「恬十」相互結合，共同詮釋出獨一無二的「鹽岸」風光。歷經疫情大爆發，面臨訂位全數取消，藉由製作外帶餐盒挽救低迷的營業額，直到最終疫情展露曙光之際，客群才逐漸回升並穩定下來。現在的鹽岸，不僅擁有忠實的本地顧客，也吸引許多外地的美食愛好者慕名而來，其料理更成為了彰化不可錯過的美食地標。「給予我的家鄉一個優質的餐廳環境，就是我投入餐飲創業的初衷。」Dan 真誠地說。

從缺工挑戰到默契團隊的心路歷程

　　經營鹽岸兩年，老闆 Dan 深刻地體認到在彰化經營餐飲業最大的挑戰，不僅在於客群的穩定度，徵才和員工管理的難度相較都市更是增加不少。Dan 坦言：「疫情之後，台灣各地普遍面臨著嚴重的人才缺口，餐飲業更是受到了巨大的衝擊，具備優異工作能力的年輕人紛紛移居大都市，所以我們花了很長時間才找到適用的員工。」

　　目前鹽岸共有五位工作夥伴一起打拚，其中令人矚目的，包括過去就讀餐飲大學，並且為愛定居台灣的菲律賓籍廚師，起初或許需要給予充足時間適應，但經過兩年的磨合與努力，Dan 和外籍廚師彼此間已經培養出跨越語言和文化的絕佳默契。「我們都是以英語溝通，雖然偶爾因為腔調而增加理解上的困難，可是這個過程本身就是一種有趣的體驗，他人好相處，支持我的事業，彼此都會互相幫忙。」

　　緣分，拉近彼此原先遙遠的距離；理解，促進團隊投注在一致的目標上。Dan 從面臨缺工危機，到組建一支默契十足的優異團隊，這個團隊不僅充滿多元文化的色彩，更以相互理解與支持學會了接納、尊重彼此的獨特性，同時建立起深厚的信任，這樣的信任讓鹽岸餐廳不僅充滿美味的料理，更散發著和諧的氛圍。

圖：電視節目拍攝，璀璨的燈光下，攝影機轉動的是鏡頭背後的故事

圖：一道道精緻料理，喚起味蕾的幸福饗宴，由左至右分別為：鹹蛋黃鮮蝦燉飯、野菇雞腿燉飯

讓味蕾漫遊：當在地山海農產遇上異國精緻料理

　　鹽岸—島嶼的義法料理以台灣山海農產之風味為基底，將獨特巧思融合異國料理元素，經過諸多細節與工序，精心呈現新鮮食材的另一層風貌，老闆 Dan 分享：「我們所有肉品都是溫體送達，並且盡可能以能鎖住食材風味的方式進行烹調，再搭配沾醬和香料做變化，讓客人不僅可以吃到新鮮的餐點，入口的味道層次上也更為豐富些。」

　　每一道料理都經過繁複的製程和細緻的工序，務求將食材的美味發揮到極致，確保餐點在最佳狀態時送上餐桌；在鹽岸，烹飪成為一種藝術，品嚐成為一段旅行，彷彿漫遊在山川海岸之間，品味著來自遠方的美好風情。

　　若有機會前往鹽岸，Dan 推薦自家的鹹蛋黃鮮蝦燉飯、野菇雞腿燉飯、豬肋排溫沙拉以及巧克力塔與玉山蒙布朗。其中，鹹蛋黃鮮蝦燉飯使用多種蔬菜，在蝦膏與台梗九號米飯體融合台灣鹹蛋黃下提升其特殊風味；令人垂涎的還有野菇雞腿燉飯，由義大利牛肝菌和台灣香菇的搭配製作出菇醬，外皮酥脆內多汁的雞腿與菇醬、台梗九號米混合出具有台灣香氣和義大利風味的經典美味；不能錯過的，還有這道豬肋排溫沙拉，豬肋排採用當天市場直送的台灣溫體豬，搭配當令蔬菜清炒初榨橄欖油，並使用印度香料結合台灣香料的方式於烤箱內烤焙兩小時。

圖：在巧克力塔與玉山蒙布朗的引領下，色彩繽紛的「恬十」甜點呈現出入口滿溢的甜蜜滋味

圖：Dan 與 Gloria 理念相投，攜手奮鬥，共築一段美味夢想

以消費者感受為本，堆疊獨特品牌優勢

在創業的征途上，夢想如蒲公英的種子，隨風飄散，勇氣作為其羽翼，輕盈而堅韌；對 Dan 而言，初創日子裡的每一個轉折都是磨礪，幫助他汲取寶貴的經驗和智慧，種種的歷練讓 Dan 經營鹽岸的兩年期間，亦有了豐碩的收穫。

「在經營餐廳的過程中，尤其需要深入實際層面去評估所在區域的消費能力，經營者在定價策略上絕不能過度理想化，必須謹慎考慮當地市場的實際情況，例如：一般餐廳會酌收一成服務費，但服務費是雙面刃，我們考量彰化本地的消費力度，一開始就明確做出免除服務費這個決定，以更符合當地市場的需求。我認為把視野放得更遠，不停留在短期獲利，注重長遠的營運策略是必要的。」Dan 認為，以消費者感受為本，解決經營時所面臨的問題，便可進而堆疊品牌的獨特優勢，如同提供美味餐點的鹽岸，不收服務費卻提供更優質的服務，自然而然吸引了大票的忠實顧客。

此外，Dan 有感而發表示，在現今競爭激烈的商業環境中，合作與共享資源變得至關重要，在創業的道路上，選擇獨自奮鬥絕對是一項極具挑戰性的任務，面對種種的困難和挑戰，單打獨鬥可能會使整個創業旅程變得辛苦而孤獨；因此，他認為尋找志同道合的事業夥伴，進行異業合作，不僅能夠增加品牌的競爭力，還有助於創造更多的商機與創新，是團結力量大的不二之選。他提到：「這是過去在經營希臘優格生意時，從合作的咖啡廳學習到的概念，現在我也想以這樣的方式，與其他像是冰淇淋、民宿業者組建聯盟，也為來到彰化的外地遊客提供一條能夠深入體驗彰化獨特魅力的觀光路線。

品牌核心價值

鹽岸—島嶼的義法料理，運用彰化這片土地擁有的寶貴資源以及環境賦予的無窮靈感，作為料理之靈魂，將極致的異國美味與台灣餐桌上的山海風情相互融合，成就菜單上多種新鮮而精緻，等待人們品嚐的獨特餐食。

經營者語錄
先學會擁抱失敗，這就是創業開始，不要給自己藉口，就開始接近成功。

給讀者的話
關於創業這件事：1. 要先想到最壞的狀況，自己是否能承擔。 2. 不要盲目樂觀看待。
3. 永遠沒有準備好的時候。 4. 嚴肅對待，開心面對。 5. 學習別人的教訓轉化成自己的養分。

鹽岸—島嶼的義法料理

餐廳地址：彰化市中正路一段 252 號　　　　Facebook：鹽岸 SaltMet

聯絡電話：04-725-0730　　　　　　　　　Instagram：@saltmet.tw

圖：藝耳采耳創辦人張云

藝耳采耳
Ear SPA

不只是掏耳，更是耳朵療癒師

　　還記得童年時頭靠在媽媽腿上，讓她掏耳朵，還舒服到睡著的回憶嗎？雲林采耳師張云在學習采耳這項技藝時，便立下心願，未來要為育幼院院童「義掏」，讓更多孩子感受到掏耳的幸福感，以及學習耳道清潔的正確知識。2020 年，張云在雲林斗六斜槓創業，創立「藝耳采耳」，不僅深受顧客喜愛，也為不少家長解決孩子害怕掏耳的困擾。

愛與關懷，用專業陪伴育幼院院童

　　「當我還在學習采耳的時候，就知道未來我會到育幼院服務孩子。」張云堅定地說。成長於單親家庭，從小母親無法投注太多心力照顧她，因此她特別能同理育幼院的孩子，明白孩子們需要更多的關愛和照顧。儘管張云白天有正職工作，晚上忙於創業經營藝耳，但每年她都會撥出時間，前往台中和雲林的育幼院，為孩子們掏耳朵。她強調：「孩子在成長階段，活動力也大，如果沒有家長或老師幫他們逐一清潔，不少小朋友都會有耳結石相關問題。」

　　對於未嘗試過掏耳的孩子而言，往往都相當緊張，但張云總如鄰家大姐姐，溫柔地摸摸他們的頭，並詳細解釋掏耳所使用的器具和方法，讓小朋友倍感安心。有一次，她為一名孩子義掏服務時，孩子向她「展示」自己的手臂，童言童語地說：「你看，這是我爸爸之前幫我弄的。」手臂上布滿了大小不一燙傷的菸疤讓張云心疼無比。除了用專業幫助孩子維護健康的耳道，她也聆聽孩子訴說生活的點點滴滴和過往的回憶，並給予更多支持與關愛。無論生活有多忙碌，她也必定撥空參與義掏及育幼院的相關活動。

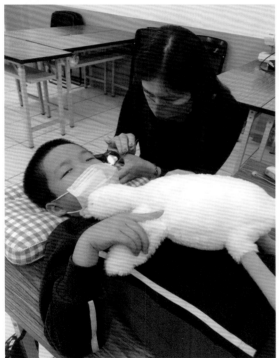

圖：藝耳采耳參與不少公益掏耳活動，以專業與愛心來服務長者與小孩

　　相較於許多店家不願意接待兒童的情況，藝耳卻以「不壓制、不強迫」的理念，獲得許多小朋友的喜愛。張云表示：「小朋友最初會抗拒、哭鬧，家長往往會想要壓制他們，但我並不鼓勵家長這麼做，反而會請家長在旁稍待，我先和小朋友聊天，幫助他們放鬆心情，也讓他們知道掏耳其實沒那麼可怕。」循循善誘下，小朋友總會突破心防，不再視掏耳為畏途。

以人為本，療癒感十足的舒心服務

　　除了兒童掏耳、成人掏耳與采耳，耳燭、眼浴、臉部撥筋、肚臍燭，也是藝耳的熱門項目；尤其眼浴、臉部撥筋的回客率相當高。張云比喻，就像原本只能看到 720 畫素的景象，經過眼浴後，視覺品質會大幅提升，宛如升級到 1080 畫素。因此，喜愛眼浴的客群相當廣泛，從需要開長途車的司機到大理石切割師傅，都是藝耳的固定顧客。

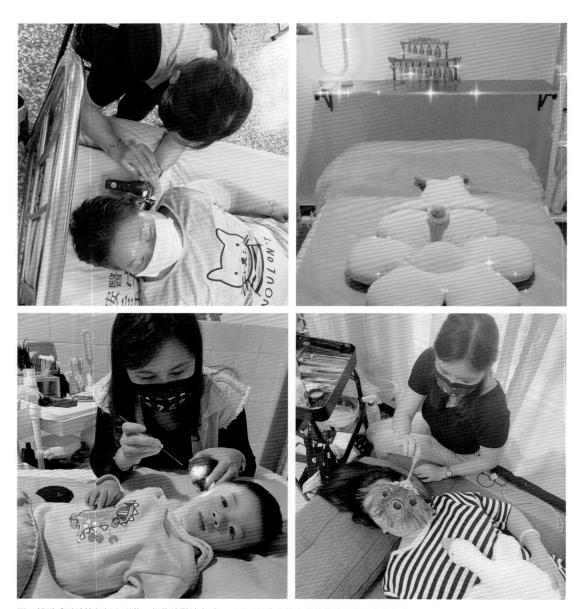

圖：藝耳采耳希望每個人到此，都能放鬆地享受，不需要花費大筆金錢就能獲得高品質的服務

在萬物皆漲的時代，藝耳的定價卻讓不少消費者大嘆：「這也太佛心了吧！」有位顧客前來體驗采耳服務後，告訴張云，相比於其他店家，藝耳采耳服務更加豐富也更實在。張云這才發現，有些店家會簡化服務內容或節省時間，以降低經營成本。每個創業者必定有利潤的考量，但在價格制定上，張云傾向站在消費者的角度思考，「我希望每個人來到藝耳，都能放鬆地享受，不需要花費大筆金錢就能獲得這樣的服務。」她說。

　　相較於許多裝潢華麗、氛圍感十足的店家，藝耳的空間顯得較為樸實，但也許正是這份樸實無華，顧客每一分錢的消費都能獲得更加完整、實在且舒心的服務。另外藝耳採用不包堂、不推銷的經營方式，希望每位顧客都能獲得彈性、無壓力的消費體驗，也讓每個踏進藝耳的人，都能完全放鬆，感受采耳的療癒魅力。

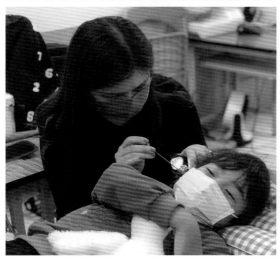

圖：無論生活有多忙碌，張云必定撥空參與義掏及育幼院的相關活動

圖：小班制授課讓張云能關注每個學生的學習狀況和需求，提供個別化的指導和支持

手把手客製化教學，傳授專業技術

　　經過數年的服務經歷，張云因其優秀的技藝、耐心和愛心，以及善於表達的特質，使得她成為教學的最佳人選，藝耳教學以小班制為主、至多兩名學生。數天的課程中，張云精心設計每堂課程，確保學生能充分理解和掌握采耳技巧，她細心示範每個步驟，並給予即時的指導和回饋，讓學生在實際操作中獲得自信。

　　課程安排時間也比市面上其他的課程更為彈性，許多人在白天需要上班或照顧孩子，很難找到合適的時間上課，因此，張云會與有興趣學習的學生，共同協調合適的時間，希望想學習采耳並以此創業的人，能在忙碌於工作或家庭之餘，完整地學習這項技藝。同時藝耳也提供學生考取證照的輔導，張云會分享考試注意事項、準備方法等寶貴經驗，並且協助借考試的教室，幫助學生順利通過考試，取得證照。這樣細膩的教學方式，讓許多學生在采耳課程中受益良多，並在短時間內習得這項技藝且取得證照。

　　展望未來，張云夢想擁有獨立的工作室，配備多張美容床，為顧客提供更多空間，也為學生們提供寬敞的學習環境，期待讓雲林和中部地區的民眾對采耳有更多認識；此外，她也期待自己繼續堅持參與公益活動，為社會創造正面且良善的正向循環。

圖：坐落於雲林斗六的藝耳采耳，以專業、細心的態度提供優質的服務

品牌核心價值
傳遞愛與善良，最專業的技術，最用心的服務，您的專屬耳道保養師。

經營者語錄
用技術來服務那些被多數人遺忘的耳朵，做一位掌心向下的人。

給讀者的話
不要害怕改變現況，保持善念、心存感恩，選你所愛、愛你所選。

藝耳采耳 /Ear SPA 雲林采耳教學 創業培訓 雲林掏耳專門店

聯絡電話：0918-077-717

Facebook：藝耳采耳 / Ear SPA

石在室晶礦

圖：石在室的價值不只在於販售礦石本身，更珍貴於想法與價值觀的傳遞

用愛為人們與礦石牽起緣分的一座橋樑

晶礦，如同大自然的神奇魔法，以其璀璨多彩的奇跡，默默地編織進了人們的日常生活，它不僅為我們帶來視覺的享受，更深刻地影響著我們的情感、精神和生活品質。石在室晶礦，致力成為人們與礦石之間的橋樑，嚴格把關貨源與晶礦的品質，視晶礦為自己的孩子，傾注許多心力照料晶礦、與礦對話，讓晶礦保持良好純淨的能量，並前去需要的人們身邊發揮自身的價值，讓客人除了能收藏礦石的實體之美以外，也能得到情感上的支持與療癒。

不只是創業，更是開啟內心的鑰匙

「會開始經營水晶礦石是因為喜歡，很純粹的那種喜歡，而當時的我根本沒有想過自己會創立石在室，更沒想過自己會在 26 歲的時候成立公司；我只記得，在接觸晶礦以前的日子，每天的生活除了睡覺，其他的時間都與工作為伍，到了後期，高壓的職場環境與不健康的身心靈狀態更使我每天下班回到家的第一件事，就是躲進廁所裡大哭。」Moy 回憶。

那時的她，為了不快樂的窒息感而哭，為了只有工作的生活哭，她想要變得更好，但卻不知道該從何做起。就在她因緣際會之下接觸到水晶礦石的那一刻起，神奇的事發生了，晶礦宛如海上浮木，為她那感到窒息的生活帶來了希望，成為了點亮內心的那盞燈，Moy 總算能在缺氧的生活裡呼吸，也學會了如何愛自己。

由於曾受晶礦之幫助，Moy 深刻明白水晶礦石真的可以成為一個迷茫、低潮的人的寄託，而她創立石在室的初衷，其實就是十分單純地想和快被生活壓垮的人們分享：「我因為晶礦而變好了，你如果需要的話也可以試試看。」

圖：Moy 想讓和曾經的她一樣，需要小小信念才能繼續生活的人們知道，這些看似平平無奇的石頭是多麼療癒的存在，任何人只要願意，都可以透過水晶礦石來學會如何擁抱自己

晶礦是反映出課題的鏡子

若分析晶礦客群的消費者心理，石在室知曉客人們一定有一個想被滿足的「需求」，例如：業績達標、人緣變好等，然而，他們並不會特別強調晶礦的功效，不會直接告訴客人晶礦可以達到自身任何期望，像是黃水晶招財，粉晶招桃花，而是對客人說：「功效都是參考，自身願意做出轉變，事情才會往好的方向發展。」Moy 指出，晶礦的功效並非萬能，學習保持正面的心態，學會轉念，有了變好的起心動念並做出行動時，才會真的變好。

有趣的是，在礦圈裡有這樣的一句話流傳著：「會接觸水晶礦石的人，背後通常都有著故事。」有時候正是經歷了太多，才需要一些寄託和信仰支持自己繼續走下去，這也是 Moy 的期盼，希望客人能因為石在室而學會如何與自己相處，傾聽內心的聲音，覺察自我的情緒，比起單純的販售礦石或告訴大家晶礦有何種能量上的寓意，Moy 更想引導大家去照顧自己的身心靈。

「我覺得這才是最重要的，石在室的價值不只在於販售礦石本身，更珍貴於想法與價值觀的傳遞，我希望大家可以更專注在照顧自己的感受上，並找到自我探索的方向。」Moy 真切地說。

圖：Moy 認為晶礦就像是小小的縮影，能夠投射出人們對於自身的需求或是期待，也想告訴大家無論何時開始認識自己都不遲

現實與初衷的拉扯

回顧創業歷程，Moy 表示石在室的成立源自於她在低潮時被水晶礦石幫助，也因為喜愛而想分享晶礦給更多人知道，甚至是因為被療癒，希望能讓更多的人在生活中找到工作與身心靈的平衡。

創業路上難免遇上困難與挑戰，對 Moy 而言，創業最大的困難從不來自於外界，而是源於她自身的糾結，她解釋：「我把用來平衡生活與工作的媒介──晶礦，變成了一份工作，甚至成立了公司，我的內心其實有過百般的矛盾，像是『我如果有了營收還算是在幫助人嗎？』、『晶礦明明是我生活與工作的調和劑，把它變成工作以後，我還能調適自己、保持生活的平衡嗎？』」

在成立公司後，Moy 背負了更多的壓力與責任，有了更多的固定支出，需要去照顧同仁，還要規畫公司的發展策略，以防自己變成那 90% 在五年內就消失的新創公司，因此她也曾像其他公司一樣追逐著數字或是績效，過了好一陣生活與工作沒有界線的日子，可是同時 Moy 也感受到自己內心的矛盾，有好一段時間都在思考自己的初衷究竟為何，如同她經常與客人所說：「我們是為了更好的生活才工作，但卻常常因為工作而忘了生活。」

她深思，我要的到底是那些漂亮的數字？還是我真正想做的事？

最後，她釐清了自己內心最深層的嚮往，Moy 分享：「在追求數字成長與好好體驗生活之間，我選擇了後者，遵循了自己的內心，讓工作只是生活的一部分，而不佔據生活的所有，可能在許多人的眼裡，我放棄了賺更多錢的機會，但我清楚知道我做這份工作是因為快樂，也想散播快樂，所以我不做讓自己不快樂的選擇，也因為這個選擇，促使品牌一直保持著初衷，甚至在這種違背經營理論的狀態下，公司仍持續地成長，甚至還有更多的同仁加入。」

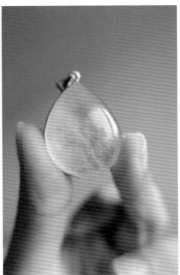

圖：Moy 認為，工作與生活從來都不是取捨，而是釐清內心所追求，找出當中的平衡狀態

圖：將礦石從線上帶到線下，石在室希望大家能夠實際接觸這些礦石，不僅僅是透過螢幕欣賞，更能親身感受礦石所散發的溫度與美好

比賺錢還重要的事，善與愛的延續

在 Moy 的角度看來，石在室就像是自己與「室友」的避風港，一處用溫暖築起的療癒空間；也因此，經營的過程裡她時刻都在思考，如何以自身的方式與力量幫助更多需要的人，並真心希望可透過石在室的存在，讓更多人感受到愛與善意。Moy 坦言，即使今天沒有成立石在室，這些亦是她會積極付諸行動之事。

「除了販售礦石，我更看重的是人與人的連結，無論『室友們』有沒有跟我進行買賣，我都希望他們可以快樂地生活，學習與自己和平相處，知曉如何照顧自己的情緒，覺察自己的課題並解題。」Moy 表示。

買賣之餘，石在室認為能為客人帶來何種價值，是比賺了多少錢還重要的一件事，因為 Moy 曾在看不見光的生活裡迷茫，跌跌撞撞後才學會如何照顧自己、愛自己，曾經就有位客人向 Moy 說：「妳的文字讓我嘗試用另一個角度看待世界，覺得這個世界好像沒這麼糟了。」Moy 從此明白，自己的文字能幫助到別人，自己的文字是有力量的，因此她喜悅地說：「如果我的文字能療癒到一些需要的人，能成為他人生命裡的一點小亮光，那便是老天給我最大的禮物了。」

事業是理念實現的途徑

　　對 Moy 而言，石在室是一個起點，乘載著她的理念，她提到：「我想讓愛去流動、讓善意堆疊，我希望那些與石在室相遇的人們能過得更快樂，能因為感受到愛的存在而感到幸福。世上會有一百個叫人不要輕易創業的理由，但若你問我，我會告訴你創業最棒也最值得的一點，就是能做自己覺得有意義且能幫助他人的事。」

　　除了以晶礦為出發點去照護人們的內心外，Moy 也希望內心正在描繪的服飾品牌在未來能夠發芽成長，她想運用自身的力量，讓人們更了解如何愛自己，並知曉自我價值與認同感並非取決於他人，只有在擁抱自己後才會發現，我們都很漂亮，我們每個人都能活得漂亮。

　　「雖然這個世界不會時刻都很美好，但愛會一直存在，願我們都能找到生命中的價值與存在的方向。」經歷一切並成長後，Moy 充滿智慧地訴說。

圖：Moy 在台北內湖舉辦了一場名為「室集」的活動，聚集了來自全台各地的眾多室友一同「回家」。這不僅是為了讓大家有機會實際接觸礦石，更是一場相互交流的同樂會，也讓人們能夠找到志同道合的礦友

品牌核心價值

Moy 深信，「真誠」是品牌的靈魂，如同對待每顆礦石一樣，石在室以真誠的心去照顧、呵護萬物。這份真摯不僅體現在石在室對礦石品質的極致追求，更映照在對每一位夥伴、員工的深厚情感之中。而 Moy 也認為品牌的價值不僅止於礦石本身，更根植於與人相連的深厚情感。石在室將真誠視為心靈的橋樑，讓每一位夥伴、同仁和顧客都感受到生活中的美好。讓石在室不僅是一個品牌，同時也是一種生活價值的體現，希望透過用心與人相待的互動，讓生命的美好在彼此的相遇中綻放。

給讀者的話

「由心出發，隨心而做，知道自己想做什麼，才會有機會把一件事做好。」
無論何時何地，請常常告訴自己，快樂才最重要。

石在室晶礦
Instagram：@home_crystals

圖：She 以簡單的顏色與充滿設計感的單品，讓身上的衣著化身為自我表達的載體

在簡約衣著間，找回最獨特而真實的自我

　　遊走在喧囂的大都會裡，自我的聲音易於在匆忙的步伐中漸漸沉寂，服裝則是一個人以無聲展現自我的最佳形式，或許只是自街角晃過，卻讓人記憶深刻，個人的存在更因此被確立。在網路上吸引眾多追隨者的服裝品牌 She，以簡單的顏色與充滿設計感的單品，讓身上的衣著風格化身為自我表達的載體，成就了每一個「她」。每個「她」，可能是走入校門的大學生，也可能是奮鬥於職場的上班族，她們已不再是懵懂的少女，而是已經擁有自己的夢想、明白何謂追尋自我，並且透過每一次真心嚮往的穿搭，展現自我最獨特而真實樣貌的女性。

十年蛻變，映照著「她」的成長

　　「每位女孩的成長歲月中，都有個賣衣服的小夢，我也是這樣開始的。」服裝品牌 She 的主理人平平口吻清晰而有條理地說起，她那既微小卻又扎實的夢想。當時仍就讀大學，正值追尋夢想年紀的平平，與志趣相投的朋友攜手，一起在師大夜市擺攤，過著扛皮箱、跑警察的趣味生活，為她質樸的學生生活增添了不少色彩。

　　隨後，平平擺遍台北東區、大安路和板橋新埔，直到有次表哥問起，是否有興趣進駐中壢火車站徒步區的分租店面時，才點醒平平打造實體店面的可能性。平平表示，「雖然只開了十一個月，但那對我來說是很好的歷練，讓我學習到很多經營方面的事物，可惜在意識到客群和衣著風格有些許差異後，我毅然離開，再次回到板橋擺攤。」

　　透過擺攤攢了些積蓄的平平，不久後再次擁有開設店面的想法，這次她心想，「媽媽就住在中壢，不如從中原夜市開始。」於是，She 在熱鬧的夜市街道旁矗立而起，和夜市裡往返來去的人流開啟一場時尚的對話，今年即將邁入第十年。十年間，She 所講究的風格不斷在演變，其實也正映照著平平個人由女孩蛻變成女人的成長歷程。

圖：創業是一段與客戶共同成長的歷程，She 品牌主理人平平深知其中的挑戰與喜悅

圖：She 重視門市員工客服品質，期盼帶給消費者美好的購物體驗

成就銷售：從理解與溝通開始

　　創業之途必然佈滿艱辛，而在平平的眼中，最具挑戰的是建立屬於自己的客群。正因為難度高，平平因此特別給予重視，並在門市管理中別出心裁地引入了所謂的「客訴獎金」制度，鼓勵員工展現出卓越的服務態度。「任何事都有它困難的一面，有時候確實無法做到符合每個人的期待，也可能跟客人在認知上產生巨大的落差，因此，不論是銷售或者退換貨，我們都希望員工以站在客人的角度去理解事情為優先，然後才是在這基礎上展開有效溝通和解決問題。」平平深思熟慮地道出。

　　創業之路漫長而辛苦，然而在管理店鋪和打造品牌的旅程中，平平也累積了許多令人動容的時刻。最深刻的瞬間，是看著顧客試穿衣服、找到心儀的衣著後，購買時自他們臉上流露出的喜悅神情，「知道客人買完衣服，週末就要穿著它出門玩，感覺很暖心！」感人瞬間，成就平平創業之路上的每個辛勤付出，使其充滿意義與價值。

穿上優雅簡約的剪裁之美

　　每一位「她」，都在追尋的道路上穿梭著，用自我風格譜寫著屬於自己的故事；無論是簡約的風格或是時尚的品味，每一個選擇都在告訴世界：這就是我，這就是我的方式。而這一切，就是 She 想訴予大眾的自主理念。

　　最初，平平賦予品牌 She 的期許主要聚焦於平實的價格、優質的服務和親切的氛圍；然而，隨著時光的前行，她對於服裝的認識與理解愈加深刻，也隨之激發出更多與眾不同的想法。漸漸地，She 轉向每位女性都可觸及到的簡約衣著款式上，並啟發找尋自身最獨特和真實的樣子；平平深信，對待生活中的每個瞬間，個人感受至關重要，而展現真實自我則是最美的表現。

　　藉由優雅簡約而充滿設計感的剪裁，She 致力於為學生和上班族女性打造出自信風采的純粹美感，平平明確指出：「我希望能精選出日常生活中那些實穿度極高，不論在衣櫃中停留多久，都能保持其實用性的衣款。這樣的服飾，既不受時間的限制，亦適用於各種場合。」

圖：藉由優雅簡約而充滿設計感的剪裁，She 致力於為學生和上班族女性打造出自信風采的純粹美感

圖：每一位「她」，都在追尋的道路上穿梭著，用自我風格譜寫著屬於自己的故事

讓品牌流動於鮮明的自我風格中

　　十年並非短暫的時光，平平將自己最年輕精彩的歲月奉獻給了時尚創業，至今已成為一位成功又自信的品牌主理人；在創業及經營方面比許多同齡人具備相當經驗的她，亦給予未來想投身服飾品牌創業的夢想家，一些有助益的具體建議。

　　平平分享說道：「若不具備服飾相關經驗，建議可以先嘗試到喜歡的店工作，不僅有助於累積寶貴的經驗，也能幫助你確認自己的方向，並檢驗是否真心熱愛這份工作。其次，提前儲備足夠的資金，並嘗試從 Instagram 等社交媒體平台開始建立品牌，來培養出忠實客群；而最為重要的是確立清晰鮮明的品牌風格，這能真正吸引到與你契合的客群，並使品牌持續壯大。」

　　即將迎來十週年的 She，依然走在轉型的步伐上，不論如何平平深知，每一次的轉變都會是品牌最完美的呈現。對吧？從今以往，不分時候，讓服裝成為我們最堅實的代言，讓自我存在的足跡於時光中綻放。

圖：擁有鮮明的自我風格，是塑造品牌形象的關鍵，也是 She 品牌主理人平平十年以來總結出的經營心得

給讀者的話

給正在閱讀這本書的你 / 妳勇氣：創業是個挑戰自我能量、關卡層出不窮，有衝動、有滿滿熱情，還要有超乎常人意志力的高山。不論你 / 妳走到哪裡，可以肯定的是，一定會有很多意想不到的收穫，評估好風險、不怕失敗，人生的經歷中不要留下後悔，包包裡裝滿能量，出發吧！

經營者語錄

以人為本，從感受出發。

品牌核心價值

服裝品牌 She，以簡單的顏色與設計感的單品，讓身上的衣著風格化身為自我表達的載體，成就了每一個「她」。

She

店家地址：桃園市中壢區日新路 104 號 1 樓

官方網站：https://www.sheofficial.tw/

Facebook：SHE'S

Instagram：@she_official.tw

圖：草創蒔弍角窗時，產品主要以乾燥花、永生花和飾品為主

插曲：埋下創業的種子

　　從小即熱愛手工藝與設計的年輕女孩 Ting（李婷婷），求學期間便展現出驚人的天賦；然而，大學時的一場癌症卻讓她不得不改變人生軌跡，放下與設計相關的工作。多年後，當她回顧這個曾令她猝不及防的插曲時，她才明白，疾病也能成為祝福，原來，當時躺在醫院對抗病魔的她，早已種下創立「蒔弍角窗」、成為羊毛氈職人的種子。

與羊毛氈結下的不解之緣

　　正值青春年華卻發現罹患癌症，與同儕相比，Ting 的大學生活顯得有些苦澀。儘管身心受到不少的辛苦，偶然間她發現家中附近有店家販售羊毛氈材料包，於是決定在無人教導下，開始一針一針地練習這個具有療癒效果的技藝，來度過辛苦的治療時光。

　　隨著病情穩定，大學畢業後，Ting 成了朝九晚五的上班族，工作數年後，在一次職涯轉換之際，剛好新北板橋有個閒置空間能利用，家人給予她出其不意的建議——利用這個空間，發揮她的藝術天賦來創業。沒有充足的準備和資金，Ting 知道要找個方法開啟未曾想過的創業之旅。

　　由於過去 Ting 曾在花店工作，因此她透過畢業季販售乾燥花花束作為起步，並嘗試於不同市集擺攤，除了增加品牌曝光度，也調查手作市場的需求，一步步調整每次擺攤的商品與設計。Ting 說：「當時我並未想到要創作羊毛氈，直到有一天，一位朋友提醒我『你不是會做羊毛氈嗎？為什麼不試試看呢？』」

曾經與羊毛氈結下的不解之緣再度回到 Ting 的生命中，她以愛犬 Toby 為靈感，製作出第一個羊毛氈作品，儘管當時的手法並不純熟，作品也不特別精緻靈動，但在每次擺攤時都會展示著這個作品，許多人看到「Toby」也都讚不絕口，Ting 也才意識到，寵物市場擁有無窮的潛力。

圖：Ting 的毛小孩 Toby，也是第一個寵物作品

活靈活現，高度擬真的寵物羊毛氈

　　第一眼見到蒔弎角窗的作品，往往會被羊毛氈的擬真感所觸動，然而，真正讓顧客喜愛 Ting 的原因，並不僅是作品高度還原寵物的外貌，更是因為 Ting 與生俱來的共感能力。Ting 深深了解到，每隻寵物對於主人來說都是獨一無二的存在，因此每次接受委託時，她會細心聆聽顧客的需求，並深入了解顧客與寵物之間的點滴故事，同時耐心地引導顧客提供適合的照片。製作過程中，她完全沒有「職人的傲氣」，總是希望盡可能地還原寵物的樣貌。

　　Ting 感性地說：「有些人的寵物已經離世了，每每聽到他們與寵物的故事，都讓我特別有共鳴，因此製作寵物羊毛氈對我而言有種特別的使命感，透過這項媒介，我可以幫助他們重溫過去與寵物共度的美好時光。」除此之外，Ting 還擅長結合不同元素，如相框、永生花、乾燥花、燈罩，為寵物羊毛氈增加更豐富的視覺層次，這種獨特的創作方式大大增加品牌的辨識度，也常讓訂製者大為驚喜。

　　儘管蒔弎角窗的犬貓羊毛氈委託數量，早已讓 Ting 忙得不可開交，但喜愛接受新挑戰的她，在面對未曾嘗試過的請求時，依然樂於嘗試。過去，曾有個顧客希望訂製一隻羊毛氈的鳥，儘管這需要她花費更多時間與精力，但她卻樂此不疲。她笑說：「雖然工作時數換算下來時薪並不高，但對我而言，這是一份寶貴的經驗，絕對是值得的。」

圖：蒔弍角窗的羊毛氈作品擅長高度還原毛孩樣貌，捕捉主人記憶中毛孩最可愛的瞬間

圖：不少人期盼學習 Ting 獨特而生動的羊毛氈技巧，親手為自己的毛孩子留下一個美好的紀念

圖：蒔弎角窗工作室樣貌

創造良善循環，打造培育羊毛氈職人的搖籃

　　期盼在創業的旅途上能持續成長，Ting 於 2022 年重啟蒔弎角窗的羊毛氈課程，入門班課程為期七週，學員能在七週內紮實地打下基礎，並完成五項作品。Ting 說：「2018 年我曾嘗試開設單堂體驗課，但發現單堂課客群並不適合我所期待的教學模式，教學暫停兩年後，我調整心態並確立教學意義，清楚教學目的是為了提供有心想學習羊毛氈的人，並理解到羊毛氈的專業與成就感。」

　　不少人曾問她：「開課難道不怕學生學成後，就抄走你的作品嗎？」，關於這點 Ting 反而保持樂觀其成的態度。她認為，身為一名職人，若能將這門技藝傳授給更多人，幫助他們掌握這門藝術，甚至以此創業，將形成正面的循環，也是一種實現自我的意義。「在這個社會，若能為他人提供服務，進而創造極大的成就感與價值，我認為這就是教學的珍貴之處，這也是為什麼去年我決定重新開設職人課程。」她說明。

　　或許真的是「念念不忘，必有迴響」，羊毛氈課程開放報名後，吸引不少北部學員參與，更有來自台南的學員特地搭乘高鐵，前來接受 Ting 的指導；以及，更多企業合作授課遞出橄欖枝，擁有這些經驗都是意想不到的收穫。除了入門班，未來蒔弎角窗也將規劃中階班與高階班，希望能如同日本的職人文化，培育出更多以羊毛氈為創作媒材的職人。

不僅是手把手教學，Ting 對學生的關愛更超出技藝上的分享。過去有一名學生在學習過程中，經常覺得自己的表現不盡如人意，因而在課堂上落淚，Ting 一方面理解學員對自我的高要求，也舉例過去自己遇到挫敗的經驗，以此借鏡來鼓勵學員。Ting 說：「製作羊毛氈在某種程度而言是相當孤單的，只能憑藉一己之力，但我想讓他知道，學習羊毛氈沒有輕鬆的捷徑，戳到手都流血、斷了好多針、做錯比例直接丟掉重新製作，這都相當常見。唯有持續傾盡全力投入練習，找到問題所在並解決，才能把失敗轉換成養分。即使不能立即成功，持續下去一定會有所收穫。」

「你不需要很厲害才能開始，要先開始才會很厲害。」這句話深深打動 Ting。她提醒，「學習一門技藝時，若對自己的期望過高，而不斷否定自己，並且害怕出錯，反而會陷入完美主義心態，錯失許多成長機會。」有人曾問過她：「你後悔創業嗎？」她比喻，若平行時空存在，得知罹癌時的那一刻自己彷彿進入人生的「奇異點」，其中一個支線是你正為了原本的夢想努力著；而現在的你，則走在另外一條夢想的道路上。所以，所有經歷都不會白費，也無需執著後悔與否，而要感謝一路以來堅持的自己。

過去，Ting 也曾因賠掉擺攤攤位金、被無故棄單、溝通與質疑的聲音等等困難而沮喪，但看到越來越多人因為蔣弎角窗而獲得療癒，反而提醒自己是個相當幸運的人，能獨立自主地做著自己想做的事。

蔣弎角窗今年已邁入第五個年頭，Ting 仍持續用充滿感情的羊毛氈創作，讓更多人知道，蔣弎角窗不僅是個手作品牌，更是承載著情感和回憶的空間，每一件作品都是主人與寵物之間深厚情感的凝聚。未來，Ting 也期許自己永懷熱情、好奇，繼續探索更多與眾不同的教學和創作，來深入更多人的生活裡，並開創出屬於自己的光輝之路。

給讀者的話
如果你也想透過所長來自我實現，那就行動吧！如果有人在你行動後，給了各式意見讓你焦慮、恐懼，那就關上耳朵傾聽內心聲音，去觀察自己為什麼而做？又為什麼選擇這條路？不要煩惱別人的成功，更不用想複製，先行動再來談感覺，某天回頭會發現每一步腳印都有存在的意義。

品牌核心價值
透過羊毛氈的媒材，做出感動人心的細緻作品，讓人透過客製化作品或教學而被療癒，創造更多可能與價值。

經營者語錄
世界之大，別人定義的成功未必合腳，創業這條路本身就是充滿試錯的過程，學習鍛鍊自己的企圖心與潛能，期許自己成為強大之人，又或者你早就是了。

蔣弎角窗
店家地址：新北市板橋區陽明街 27 巷 12 號 1 樓旁三角窗處
Facebook：蔣弎角窗 Thirting
Instagram：@thirting_woolfelt
官方網站：thirting.tw

圖：充拉麵麵條 Q 彈帶勁，食材新鮮味美，圖為厚切豬排蓋飯與炙燒牛牛拉麵

用心真誠烹調的實在美味

　　午後陽光柔和地灑在路口，一陣濃郁的飄香滲透在空氣中，店內老闆正悉心為賓客調製幸福的滋味，這每一口都融合了其細膩與手藝；享受它獨特的美味，不僅是對一整天辛勤工作的犒賞，更是走入一段豐富味蕾的旅程，在這個角落，時間彷彿慢了下來，心靈沉澱在彈牙的麵條和滑順的湯頭裡，找回奔波一天後的平靜。這裡是充拉麵，秉持以整潔、乾淨的環境，提供客人安全、衛生的餐食，嚴謹把關烹調的每個環節，讓用心真誠製作出來的好味道，深刻烙印在每位顧客的心中。

跨足食品與餐飲，翻轉興趣為食尚風華

　　充拉麵所展現出的信念，不只是開創者實踐夢想的衝勁，也代表著在平凡的每一天裡，它以獨具的美好風味，為每位客人帶來生活的充實和能量。本名林季園，外號小林的充拉麵老闆原本被外派至中國大陸，從事食品進出口產業，在崗位上十二年的他，熟稔食品製造流程及相關專業知識，因此對於食品的安全及衛生，有著相較常人更為深刻的認知及見解。

　　過去讀書時期曾投入餐飲行業當學徒的小林老闆，在 2016 年自中國回到台灣後，毅然決然重拾過往的興趣，懷著滿心的熱情規劃創業。「以前學做西餐，對餐飲一直都很有興趣，創業是一個夢想，所以回台後開始從觀察市場做起，計畫創業。當時朋友開拉麵店，家庭因素必須頂讓，於是我接手經營，大概一年半之後創立『充拉麵』品牌，除了遷移到新的店面，我們也重新研製菜單，將餐點調整成自己想呈現給客人的美味和樣貌。」

　　聽起來簡單，可光是裝潢、研究菜單和定價，便耗費了小林老闆將近半年時間。他表示，籌備或許不是一個輕鬆的過程，但卻令人享受其中，宛如拉拔自己的孩子般，將它從無到有踏實地培養起來。

圖：充拉麵環境清新乾淨，讓顧客能在舒適的體驗下享用美味

圖：海鮮拉麵

圖：地獄麻辣拉麵

圖：豚骨拉麵

講究好滋味——從堅守食品安全及衛生開始

由於從事過食品相關行業，深知食品安全與衛生的重要性，因此，在把好滋味送到客人口中之前，小林老闆首重店內環境的整潔、使用食材的安全性，以及服務流程的衛生。

小林老闆提到：「充拉麵的麵條與一般的日式拉麵不盡相同，我們選用自製無添加的麵條，讓客人可以安心食用，而湯頭比較偏向台灣人的喜好，口味稍微清淡些；其中，麻辣拉麵採用自製麻辣醬，辣度趨向溫和，吃起來不至於對身體造成負擔；還有店內 80% 的食材都是當天採購，例如：唐揚雞，都是購買當天新鮮的溫體肉，並且使用自己研製的醃料進行醃漬。」

尤其台灣發生進口豬肉安全性和產地爭議等問題時，即便深知自家的豬肉片所採用的一直都是台灣本土豬肉，小林老闆也堅持停售，「當豬肉的流向已不可考時，與其追蹤流向，我選擇把有疑慮的東西先排除掉，身為店家應當嚴謹履行為客人把關食安的責任。」除了注重食材的安全性，小林老闆表示充拉麵從餐點的製作到送餐皆有屬於自己的一套 SOP，他舉例，「若餐點從內場來到外場送錯桌號，我們堅持一律回收、重新製作新的一份餐點給客人，我認為這是一種職業道德，餐飲行業必須排除任何疑慮，達到乾淨衛生，客人才能吃的安心！」

圖：唐揚雞蓋飯

圖：南蠻雞腿丼飯

創業者的初心，品牌之生命力

隨著社會的演變，如今處在一個物價不斷飛漲的時代，小林老闆有感而發表示，創業需要一股勇氣和細膩的思考，執行任何項目前皆需謹慎觀察，並擁有處變不驚的堅定心志；更重要的是，不論面對什麼樣的環境，切忌隨波逐流、迷失了初衷。

小林老闆分享：「現在許多工作環境和薪資待遇已經無法滿足職場工作者，因此有眾多人嘗試踏入創業領域，盈利固然是創業的終極目標，然而我認為創業者不宜只專注於如何獲利，快錢在面對環境變動時易受波及。行業別不是獨一無二，創業者的心態才是決勝的關鍵，擁有獨立的核心價值並堅守初衷，是長遠經營的不二法門。」

談到品牌理想，充拉麵實體店其實只是小林老闆的起手式，除了實體店面，未來他更計畫新增直營模範店，設立中央廚房，進行宅配服務並開放加盟，讓有心想創業的事業夥伴無須面對高門檻的加盟金，便可學習完整的經營流程，實現擁有一份屬於自己小事業的夢想。創業者的初心即品牌的生命力，這樣的理念不僅激勵著小林老闆自己，也為整個充拉麵品牌注入了更多生機和活力。相信光顧充拉麵的顧客，除了享受溫馨與美味，更能感受到小林老闆對初心的堅持以及對理想的堅定。

圖：知名 Youtuber 大胃王小慧光臨充拉麵

品牌核心價值

充拉麵秉持以整潔、乾淨的環境，提供客人安全、衛生的餐食，嚴謹把關烹調的每個環節，讓用心真誠製作出來的好味道，深刻烙印在每位顧客的心中。

經營者語錄

有人說笨鳥慢飛，但我想的是龜兔賽跑的故事，創業是條漫長的道路，相信我們對品質的堅持，能夠發展的更長遠。

給讀者的話

創業是門高深的學問，而且需要經過不斷的嘗試、試驗、調整和修正，所謂萬事具備只欠東風，倒不如說萬事具備只欠「勇氣」！沒有起頭一切都只是空想，思考清楚就做吧！

充拉麵

店家地址：台中市北區美德街 183 號

聯絡電話：04-2226-8252

Facebook：充拉麵

Instagram：@scorpio698875

圖：Charme d'Eau 期待大家能將生活慢下來，感受身邊細小的美好

一縷香氣，為生活增添儀式感

用一秒穿越到南法山城，享受薰衣草輕撫臉龐的迷人香氣，再用一秒潛逃至熱帶島嶼，體驗自由海風帶來的一片清新，生活從不該無止盡地趕路，兩位年輕女孩 Nini 和 Caren 創立天然香氛品牌「Charme d'Eau 香覓」，邀請在人生旅途中不斷努力奔跑的人們，一起緩下腳步，用香氛找到專屬於自己的片刻寧靜。

緩下來，感受香氛慢生活

從事資訊工作的 Nini 和行銷專業的 Caren，兩人曾在同個企業工作，深感工作帶來的壓力與焦慮感，在一個偶然的機會下，她們發現精油和香氛對身心的益處，因而開始學習調香，從此一頭栽入這個迷人的香氛世界。取得調香證照後，她們開始思考如何在不同的生活場景，創造出多元的香氛產品，為人們的生活增添更多儀式感，也為同是因工作或生活感到壓力、焦慮甚至失眠的人帶來療癒。至此，調香成為她們放鬆心情的途徑之一，並於 2023 年正式成立香覓。

香氛創作完美結合「藝術」和「科學」，精油的選擇至關重要，儘管天然精油的持香度和濃郁度不如合成精油，但多項研究顯示，由天然植物提取的精油，其獨特的香氣特性和化學成分，對身心健康有莫大益處，且不會對人體造成負擔。因此創作時，兩人皆選用天然精油來打造香覓的多樣產品，如枕香噴霧、擴香石、空間擴香和指緣油。

Caren 指出，隨著現代生活節奏的加快，很多人都有睡眠問題，因此，香覓打造一款專為改善睡眠的「枕香噴霧」，只需輕輕噴灑於織品、枕頭或寢具，它的香氣就能讓人輕鬆進入夢鄉。「我從未想過會有這麼多人不約而同告訴我，噴完枕香噴霧後，非常好入睡，這讓他們感到非常神奇。」她說。

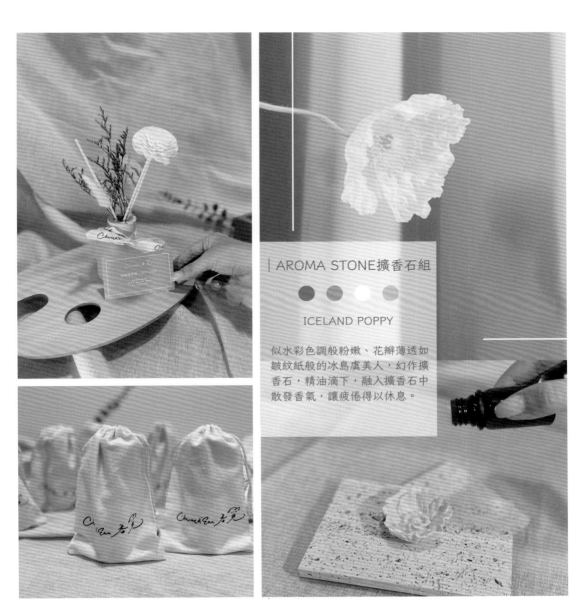

| AROMA STONE擴香石組

● ● ○ ●

ICELAND POPPY

似水彩色調般粉嫩、花瓣薄透如皺紋紙般的冰島虞美人，幻作擴香石，精油滴下，融入擴香石中散發香氣，讓疲倦得以休息。

圖：不同的香氛能為生命注入更多美好與療癒的氣息，在忙碌的日常中，創造一片專屬自己的小天地

　　天然香氣除了對生理有正面影響，也讓人聯想到大自然的美麗與和諧，還能觸發心靈深處的情感與回憶。如何藉由香氛創作出完整的故事與情境，並無誤地傳達給嗅聞者，相當考驗調香師的功力。Caren 認為，由於每個人能嗅聞到的氣味及獲得的感受不盡相同，因此除了作品本身的氣味，有時還需輔以文字引導人們理解，「我們期待大家能將生活慢下來，像是感知身邊的微風、植物的成長和天氣的變化，來感受每個香氛前、中、後的變化。」

挑戰：以香氛呈現一個個動人故事

　　將抽象概念用香氛作為媒介，創作出完整的故事與情境，對於調香師而言並非易事。Caren 坦言：「這需要不斷練習、自我精進才能越來越上手。」因此，同款香氛經過不同人「轉譯」而給出的反饋，也成了兩人在創作過程中相當重視的一環。以其中一款融合茶樹和花梨木的產品為例，有的人認為它能帶來深度的放鬆，而有的人則覺得它能讓思緒更為清晰，這顯示了香氛體驗的獨特性，不同的香氛組合，就像畫家調色盤上的顏色，都有其獨特的魅力和價值。

　　Nini 表示，當調香師在調製香氛時，必須透過更專業、更多元的角度思考，並將個人喜好置於一旁，去體驗各種香氛帶來的獨特感受，才能創作出如同藝術領域中各種風格的畫作，吸引不同的人前來欣賞。

在愛與尊重的美好氛圍中打造品牌

　　一款優質的香氛產品不僅是氣味的融合，更寶貴的是每種氣味創造出的和諧氛圍。Nini 與 Caren 的創業旅程亦如調香的過程，兩人都欣賞彼此的特質與優點，對於創業也有共同的思維與堅持，讓兩人在打造品牌的各個階段，都在愛與尊重的氛圍中一起成長。

　　Caren 表示，曾有人告訴她，和朋友創業並不容易，因為即使是摯友，也不一定適合一起工作。但她認為，由於和 Nini 在職場認識，進而成為朋友，彼此欣賞對方的長處，並能相互尊重，即使出了問題也不會互相指責，更願意共同承擔責任，這讓彼此成了相當合拍的創業夥伴。當兩個人共同創業時，儘管有共識，卻仍存在太多細節需要討論，大至產品包裝顏色與尺寸、小至精油的滴數，有時都存在意見與歧異，「然而，若彼此都願意互相尊重對方的建議，並在過程中相互學習，就有更多機會做出有價值的決策，且合作也能更加順利。」Nini 說明。

圖：用香氛找到專屬於自己的片刻寧靜

圖：Charme d'Eau 的精油
產品不僅是香氛，更是日
常生活中的一份美好體驗

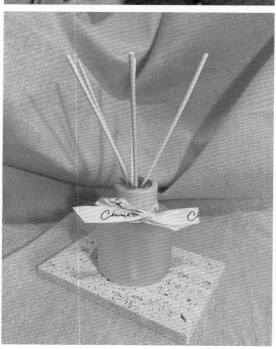

圖：除了以最高品質的精油和香料，調製成不同的香氛產品，香覓也歡迎消費者
訂製專屬香氛與禮盒

青年創業家於電商創業的挑戰與思維

在網路發達的世代，具有高度彈性且能遠距工作的模式，逐漸成為年輕人的偏好，這也帶動越來越多人嘗試以電商的形式創業。儘管創業門檻看似下降，但年輕創業者仍舊面臨如資金不足、市場競爭激烈等挑戰。

2023 年年中，Caren 毅然決然辭去正職工作，決心專注於創業。她堅定地說：「我不會後悔自己做的決定，我相信每個決定和經歷都是學習的機會。有時，我也會害怕失敗，但相信只要勇敢踏出第一步，後續的路程會變得非常不一樣。」Caren 鼓勵所有年輕創業者都該勇於追求夢想，同時制定明確的計劃以助於目標的達成；Nini 也提醒創業者，創業絕非一蹴可幾，並非有足夠資金就能獲得立即的成功。「許多創業者可能因一時衝動，小看了創業的複雜性，進而忽略重要的前置作業，但真正的成功絕對源自於對所需技能和相關知識的準備。」Nini 補充說道。

在眾多的香氛品牌中，香覓逐漸受到關注與喜愛，承載生活熱情的品牌態度，讓每款香氛成為消費者在不同生命階段的最佳伴侶。未來，香覓計畫在花蓮開設工作室，邀請大家現場嗅聞，也透過體驗課程，讓顧客感受天然精油帶來的愉悅與寧靜，為一成不變的日常帶來更多想望，並散發其自信與魅力。

經營者語錄

就如同每種精油都有獨特氣息，每個人所擁有的不同特質，亦能為世界創造無限價值，這也是我們所應該欣賞之處。

給讀者的話

香覓是一個注重自然、追求品質和療癒身心的品牌，不僅具有令人陶醉的香氛，還承載生活的熱情。願香氛陪伴您，讓日常生活更有氛圍感，並散發專屬自己的自信與魅力。

品牌核心價值

自然純淨：尊重自然，致力於提供純淨產品，讓人們感受自然的平靜。

療癒身心：香氛具有的療癒力量，能減輕壓力，提高生活品質。

個人魅力：香覓不僅是一種香氛，更是一種獨特個人風格的展現。

Charme d'Eau 香覓

Facebook：Charme d'Eau 香覓

Instagram：@charme.deau

產品：枕香噴霧、擴香石、空間擴香、指緣油

Yuan Jewellery

圖：將看似不完美的素材轉化成獨特且具有故事性的首飾，承載深厚的情感和意義

永續首飾：對環境、人權的積極反思

當我們欣賞閃耀的首飾時，很少會思考一個小小的飾品，從材料的取得到不同階段的製程，都可能隱藏著對環境和人權的危害。喜愛大自然及戶外活動的藝術家倪苑茹，在一次出國參訪中，驚訝地發現當地製作飾品的勞工，在劣質環境中工作；並在一場「永續珠寶」新書分享會裡，理解到珠寶首飾製造過程中對土地、水源及環境的不同傷害，這讓她深感難過，也引發她對永續性的反思，進而創立永續首飾品牌「Yuan Jewellery」，期待人們在購買首飾時，能一同關注環境與人權相關議題。

將海廢改造為獨一無二的時尚單品

四面環海的台灣，擁有豐富的海洋資源，但受到洋流影響，台灣也成為海洋廢棄物匯集據點之一。在他人眼中毫不起眼的垃圾，看在苑茹眼中，卻是閃閃發光的獨特「寶石」，一次小琉球淨灘活動和馬祖的「藝術游擊」駐村計畫中，她意外發現被海水和沙石長時間磨洗後，具有獨特美感和紋理的「海玻璃」，因此決定將其作為主要創作素材，設計出深具台灣在地特色的首飾。

苑茹投入金工創作長達十多年之久，她相當擅長運用金工和金繼工藝於首飾創作。金繼 (Kintsugi) 源自日本，是一種用天然漆黏合碎片，再以金屬粉末修飾的陶瓷器破損修復法。她巧妙地運用金繼，將看似破碎且帶有瑕疵的海玻璃，改造成一件件美麗的永續首飾。她說：「我非常喜愛金繼的概念，在工業化時代，所有東西都相當精緻完美，人們很難接受任何瑕疵，但金繼就是告訴我們，這些瑕疵其實也很美，就像每個人身上的瑕疵，也是美的獨一無二。」除了欣賞瑕疵之美，金繼的「愛物惜物」精神也體現了對物品珍視、重視和尊重的態度，這亦是苑茹亟欲傳達的理念。

儘管永續性是 Yuan Jewellery 的重要理念，然而回歸到市場面，她不諱言，「人們還是喜愛美好的事物，如果珠寶首飾設計僅談永續性，對消費者而言或許『負擔』太大了，我想更重要的是設計出有吸引力的首飾，永續性則成為其中的附加價值。」此外，在首飾包材上，苑茹也鼓勵顧客「裸買」商品，避免不必要的包裝浪費，寄送商品前，會詢問顧客是否同意使用二手包材，以減少浪費。苑茹表示：「我認為在環境議題上，最重要的就是不要怕麻煩與溝通，因為溝通能對環境產生正面影響。詢問顧客後，大部分的人也都相當樂意接受，我相信這是因為越來越多人開始有環保意識。」

　　現今由於快速、低廉、多樣化的「快時尚」趨勢，讓不少品牌以極快的生產週期吸引消費者，並以相對低廉的價格刺激購買；然而，這同時也促使人們購買大量飾品配件，卻鮮少使用，加劇資源的浪費。為此，苑茹特別舉辦「以飾易飾」活動，鼓勵大家將不再佩戴的飾品拿出來交換，以此來讓飾品得到更多的喜愛和使用機會，這項活動未來也計畫線上化，以便更多人參與，鼓勵人們重視環保和可持續消費。

圖：瑕疵其實也很美，就像每個人身上的瑕疵，也是美的獨一無二

圖：以飾易飾活動讓不常使用的首飾有了第二次被疼愛的機會

圖：Yuan Jewellery 以環境友善的材料創作，堅持永續原則與價值

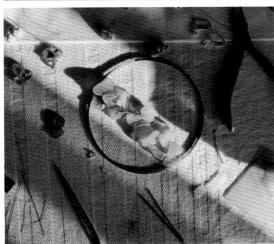
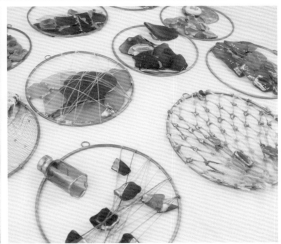

圖：看似不起眼的海洋廢棄物，在苑茹獨特的創作下，搖身一變成為充滿情感與回憶的美麗首飾

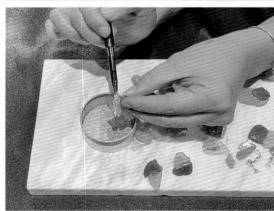

圖：在工作坊中，苑茹教導學員使用金繼工藝，以海玻璃為素材，創作出獨一無二的首飾

個性化訂製，將故事收藏於首飾中

對於追求個性化和質感的消費者而言，將看似不完美的素材轉化成獨特且具有故事性的首飾，已超越首飾單純裝飾之功能，更承載深厚的情感和意義。因此，不少人也詢問苑茹，希望能訂製首飾作為禮物，送給所愛之人。

談到顧客的訂製經驗，有一對情侶特別令人印象深刻，他們一同至綠島旅行，男孩特地撿拾一塊海玻璃，希望能製作成項鍊，作為雙方的定情禮物。苑茹表示，不只是情侶，也有不少女性在人生中的重要階段訂製首飾，作為人生的紀念。每當顧客有訂製需求，苑茹都會細心聆聽他們的故事，宛如與訂製者一同創作，經過多次討論和修改，從中設計出真正反映他們心中所想的首飾，成功將一個個動人的故事與回憶收藏於首飾中。

不僅用首飾傳達永續的概念，每個月苑茹也會開設「簡易金繼海玻璃首飾工作坊」，邀請大家一同了解愛護環境、永續的理念，並教導參與者如何將金繼工藝運用於海玻璃，製成獨一無二的首飾。原本只是一人默默地獨自創作，在不同組織的邀請下，苑茹也走向教學講台，與來自不同背景的學員互動，並分享彼此的生命體驗。她說：「教學相長是真的！教學過程中，學生會提出出乎意料的創意和疑問，這些問題會促使教學者不斷學習，也反思自己習以為常的方法和觀念，能為彼此帶來很多學習與成長的機會。」

海玻璃已為苑茹帶來無窮的創作靈感，同時她也積極尋找以電子廢棄物回收金屬作為創作的可能性，「有一種環保的回收技術，我認為這是一個非常棒的方法，但目前這個做法的成本高昂，還未能實際採用，但我仍希望未來有機會以回收金屬來創作。」

美國作家 Anna Lappé 曾說：「我們每一次的消費，都在為我們想要的世界投下一票。」在這充滿選擇的時代，苑茹憑藉創意和熱情，用自己的方式回應了這句話。她期待透過 Yuan Jewellery 的首飾，讓更多人了解到，人類與大自然間密不可分的連結，並在每次消費時，一同守護我們珍愛的自然環境。

品牌核心價值
願 Yuan Jewellery 的所有首飾與你們與自然互相依存，畫一個和諧的圓吧！

經營者語錄
誠實面對自己與觀眾，勇於接受錯誤與改變，並從中持續學習。

給讀者的話
嘗試創業前，多聽前輩建議、多了解產業相關知識，審慎評估後再創業。另外，創業者必須具有強大心理素質，面對各式各樣的挑戰。

Yuan Jewellery
Facebook：Yuan Jewellery
Instagram：@yuan_jewellery

圖：BOWR BOWR LA 品牌主理人 Queena

以自然和有機為使命的護膚品牌

　　肌膚保養對現代人而言已是不可或缺的日常活動，然而從早晨洗漱到夜間保養，每個人一天平均會暴露在逾百種的化學物質中，長期下來對人體可能造成難以想像的傷害。以「自然」和「有機」為使命的護膚品牌「BOWR BOWR LA」品牌主理人 Queena 深知，肌膚是身體健康的第一道防線，當保養已成為一種生活態度，不僅是臉部、身體的每寸肌膚甚至體內，都需要我們認真以待。

自然、有機，用心呵護女性與自然環境

　　Queena 深信，自然的力量能為肌膚帶來最溫和、最有效的呵護。創立品牌時，她嚴格選用天然、有機的成分，以確保不會對身體造成負擔或影響自然環境。她說：「BOWR BOWR LA 拒絕使用酒精、矽靈、動物性實驗成分及任何具刺激性的配方，以全面護理（Full Cover）的理念，為肌膚達到平衡、細緻、健康且舒適的狀態。」

　　「全膚質且全天候」是 BOWR BOWR LA 的一大特色，遠離繁瑣的保養步驟，透過簡單的產品即能為肌膚達成保養與修護的功效，於近年吹起的「少即是多」極簡保養趨勢中，深受不少女性喜愛。Queena 表示，BOWR BOWR LA 以呵護和照顧女性為出發點，希望每個女性在照顧生活和家庭的日子裡，別忘了也該用心照顧自己。

由內而外，全方位關注肌膚保養與睡眠品質

　　隨著冬季的腳步漸近，BOWR BOWR LA 精心推出滋潤且不黏膩的「森之靜謐身體乳」，質地輕盈，能迅速滲透至肌膚深處，特別適合中性至中性偏乾的肌膚，尤其木質調香氣讓人宛如進入遠離喧囂的森林，為身心帶來一絲寧靜。融合高濃度的天然植物成分，如酪梨油和納豆萃取液，

圖：BOWR BOWR LA 以天然有機的成分，確保每一位消費者都能體驗兼具功效和療癒的護膚享受

森之靜謐身體乳對於肌膚乾癢問題特別有效，且添加金銀花萃取液與玻尿酸，還能達到深層保濕、持久滋潤的效果，減少肌膚細紋。

　　不僅關注肌膚保養，BOWR BOWR LA 也關懷每個消費者的生活品質，尤其是睡眠狀態。Queena 深信，睡眠是人體恢復活力的重要機制，白天所消耗的能量與身體受到的損傷，唯有在夜裡獲得充分休息才能完整修復。在節奏快速且壓力龐大的現代社會中，不少人飽受失眠之苦，BOWR BOWR LA 團隊指出，許多科學研究皆表明「嗅覺與失眠有緊密關連」，因此希望透過天然精油打造「美夢舒眠噴霧」，以天然且對身體無負擔的方式，幫助人們獲得良好的睡眠品質。「舒眠噴霧以天然柔和的香氛，營造良好舒適的氛圍，能讓大腦放鬆，更容易入睡。」Queena 表示，只要睡前將噴霧噴灑在枕頭上，舒服的味道就會自然喚起睡意，從而感到睏倦，達到助眠之效。

圖：成分天然、溫和且低敏感的草本植萃金盞花私密慕斯，開賣三天即賣破 500 瓶

經典熱銷「草本植萃金盞花私密慕斯」，守護私密處健康

在 BOWR BOWR LA 的多樣產品中，最受人矚目與推薦就屬「草本植萃金盞花私密慕斯」，開賣三天即賣破 500 瓶。Queena 指出，由於私密處皮膚嬌嫩且吸收力高，選擇溫和而有效的清潔產品至關重要，不僅需兼具清潔力與修護力，還需格外溫和。

研發團隊運用植物天然功效，搭配溫和的潔膚成分「胺基酸」以及細緻柔軟的「泡沫劑型」，打造出能從根本呵護私密處、讓私密處嬌嫩的肌膚洗後不乾澀且具彈性的慕斯。由於成分天然、溫和且低敏感，沒有年齡限制、不分男女都能天天使用。

相較市場上其他品牌，BOWR BOWR LA 積極公開產品成分、製程和效果，秉持高透明度的態度，誠實揭露產品對肌膚的成效，期待能與每一位消費者建立相互信任的關係，同時讓顧客能安心使用每項產品。

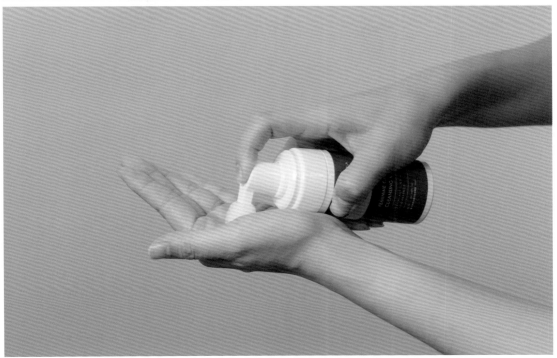

圖：洗後不乾澀且男女皆適用的「草本植萃金盞花私密慕斯」兼具清潔力與修護力

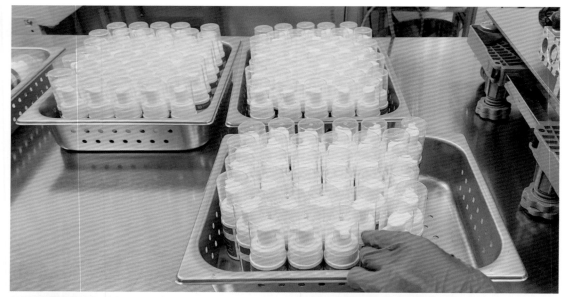

圖：從原料選擇、產品配方到產品測試，BOWR BOWR LA 團隊致力於提供
消費者最佳的護膚享受

親力親為，嚴格把關每個細節

Queena 認為創業是一段充滿波折與學習的過程，尤其品牌最初創立時，想要在競爭的環境中脫穎而出並吸引消費者的青睞，本身便充滿挑戰。她認為品牌除了需要鮮明且堅定的理念，不把顧客視為消費者，而是如朋友般互動，也是品牌提升能見度的一項好作法。她說：「我習慣在社群媒體上和大家分享日常生活，這會拉近自己與顧客的距離，也會得到不少反饋，分享與互動就容易使品牌在眾多競品中脫穎而出。」

儘管產品從設計、修改、生產到進入市場，每個行銷和管理環節都相當繁瑣，但在過程中若能不斷學習，參考成功者的經營方針或是前輩建議，對於創業初心者而言都是非常好的養分。「有時候我認為適時與團隊溝通求助，重視每一位成員的建議比自己單打獨鬥來的有效。」Queena 有感而發地說。

當產品的曝光和銷售獲得消費者青睞時，創業者和團隊往往會感受到成就感與自我實現，但她也提醒，創業必須不間斷地設定新目標，努力突破自我，持續精進，才能開創廣博的事業樣貌，確保品牌永續經營。

從研發、生產到產品包裝，Queena 皆親力親為，嚴格把關每個細節，她不僅期待 BOWR BOWR LA 能鼓勵女性寵愛且疼愛自己，展現出最美麗自信的一面，也希望品牌未來能積極參與全球性的慈善活動，為世界做出貢獻，實現更大維度的價值。

產品核心價值

仔細篩選天然、有機成分，承諾為每位顧客提供純淨、天然的護膚體驗。我們深信，大自然的力量能為肌膚帶來最溫和、最有效的呵護，期待以自然的力量為您綻放自信美麗的肌膚。

經營者語錄
成功需要持續的努力、創新和耐心。在創業的路上必定會充滿挑戰與困難，只有堅持不懈，才能實現夢想。

給讀者的話
不斷學習，不斷努力，相信自己，相信吸引力法則。只要你真心想做一件事，全宇宙都會幫你。

BOWR BOWR LA / 恆捷貿易有限公司

公司地址：台中市大里區金城里塗城路 735 巷 30 弄 10 號 1 樓
Facebook：Bbla.beauty
Instagram：@bbla.beauty
官方網站：bblabeauty.com

PINNO
SOFA
品諾沙發

圖：以台灣在地紮實創新的製造工藝，為消費者提供客製化、高品質且價格平實的沙發

適合自己，就是最好的

　　坐在沙發與家人、摯友分享美食，談天說地，度過美好的午後時光，沙發不僅承載人際關係間的情感交流，更是讓家成為心靈綠洲的靈魂所在。如果你問：「什麼才是最好的沙發？」PINNO SOFA 品諾沙發創辦人 Sean Cheng 如是說：「適合自己就是最好的。」

高彈性客製化沙發，符合居家的完美想像

　　在台灣，都市化的加速使得居住空間愈發狹小有限，人們不得不更重視家具功能性，以獲得美好的居家體驗。可有效利用空間且符合個人需求的「客製化傢俱」，也成為當前家具市場的主流趨勢。

　　品諾沙發前身是一家歷史悠久且聲譽卓越的老牌沙發工廠，隨著傳統沙發銷售模式的變遷，沙發工廠第二代接班人 Sean，從 2018 年起積極推動轉型，創立品牌「品諾沙發」。品諾即是「品質承諾」的縮寫，Sean 希望突破舊思維，以台灣在地紮實創新的製造工藝，為消費者提供高彈性、客製化、高品質且價格平實的沙發。

　　訂製大型傢俱時，不少人都會感到有些焦慮，擔心尺寸不合、材質或品質不如預期，或是後續的交期和售後服務出現差錯。Sean 表示，相較於其他家具品牌，品諾沙發的客製化服務具有高度彈性，從尺寸、材質到沙發坐感的軟硬度，都能完全依據顧客需求打造。始終將顧客需求置於首位的品牌理念，細緻思考消費者每一個購買環節，期望幫助顧客以最輕鬆順暢的方式，獲得最佳的消費體驗。從門市試坐、材質介紹、尺寸規劃到下單製作，品諾沙發皆有完善的一條龍服務，並有專業人員前往顧客家中進行丈量，全方位回應顧客的需求。

圖：品諾沙發提供高彈性的客製化服務，承諾以平實的價格讓顧客獲得高品質之居家體驗

圖：品諾沙發目前在林口與竹北皆設有門市，方便顧客親自到訪體驗

寵物友善，兼顧毛孩需求的居家體驗

　　根據農委會寵物登記管理資訊網站統計，2022 年台灣貓狗的數量已接近三百萬隻，寵物儼然成為家庭中不可或缺的一員，選購傢俱時，不少消費者也會充分考慮家中毛孩的需求。為此，品諾沙發不僅根據家庭成員的需求訂製沙發，還會細心詢問飼主家中狗貓的活動習慣，並提供專業建議，以降低毛孩拆家或抓咬沙發的可能性。例如，如果家中有飼養貓咪，門市人員則會建議避免使用亞麻布或是布料空間間隙較大的材質，因為這些材質特別容易吸引貓咪抓扯。至於有拆家可能的大型犬，品諾沙發也能根據寵物過去抓咬傢俱的習性，在訂製時先強化沙發，並提供零件更換的選擇，確保沙發使用年限不因寵物而降低。

圖：對細節和品質有高度堅持的品諾沙發，徹底展現台灣製造的職人精神

兼具美學與功能性的「台灣製造」職人精神

除了回應傳統沙發銷售模式的改變，創立品牌時，Sean 也希望透過減少中間商，讓顧客與工廠直接訂製購買，以更優惠的價格得到符合需求且優質的沙發。

從一個老字號的沙發工廠轉型為台灣在地品牌，品諾沙發有著「台灣製造」高度堅持品質的職人精神，以及對顧客需求的高敏銳度，能滿足消費者多元需求。扎根在地的同時，沙發設計的工藝性與美學理念依然能與國際傢俱設計並駕齊驅，以強調功能性和舒適性的北歐風與現代風設計，擄獲消費者的心。

創立品牌前，Sean 曾在不同的沙發工廠中深耕學習，深入研究各種工藝和工法，對製造過程中的細節格外講究，這些經歷為品諾沙發的品質保證提供堅實基礎。目前，品諾沙發提供分層保固，全實木骨架享有五年保固，坐墊泡棉則是三年；滑軌、可掀式頭枕等沙發五金也享有三年保固服務。

儘管品諾沙發創立不久便遇上全球新冠肺炎疫情，然而在創業過程中，最大的挑戰並非難以預測的疫情，而是通路設定的錯誤策略。Sean 坦言，由於品諾沙發的產品特性是高度客製化，需要引導消費者更深度地認識，因此最初將商品上架在電商平台販售，銷售成績並不理想。好在，隨著即時調整策略，專注於社群媒體行銷及自有門市銷售，品諾沙發開始取得更為顯著的銷售成果。或許是好的產品永遠不會孤單，儘管廣告預算有限，隨著不少顧客在網路寫下正面的門市體驗、沙發開箱文章，品諾沙發也被越來越多人看見，逐漸建立起正面的口碑效應。

2023 年，品諾沙發除了在新竹竹北開設另一間門市，Sean 也計劃要繼續拓展業務版圖，提供更多符合居家空間「實用性」與「美學」的獨特商品，為顧客帶來美好的居家空間。在疫情似乎已平息之際，Sean 也期待能有機會到國外參展或至歐洲與傢俱工藝產業交流，再以更多優質的產品和服務，帶領老牌沙發工廠，創造下一個三十年榮景。

品牌核心價值

品質承諾：在細節及製程上堅守品管，致力於提供顧客好的商品，且提供保固。
客戶服務：不斷推陳出新，開發符合顧客需求的商品，提供彈性客製化服務，重視顧客體驗。

經營者語錄

「天助自助者」，必須要自己願意努力，才有可能接住來到身邊的各種機會。

給讀者的話

創業是一個不斷面對問題、解決問題的旅程，培養解決問題能力，轉換成日常思維邏輯，即能做出有效率且正確的決策。

PINNO SOFA 品諾沙發

門市地址：林口門市 / 新北市林口區文明街 66-6 號、竹北門市 / 新竹縣竹北市縣政八街 56 號
聯絡電話：林口門市 / 02-2608-8966、竹北門市 / 03-558-5836
Facebook：PINNO SOFA 品諾沙發
官方網站：pinnosofa.com.tw

下班隨手作

圖：揮灑個人的藝術細胞，讓下班後的生活開始優質而充實起來

共享美感與療癒的一站式手作體驗平台

在這個多元的世界裡，生活本充滿著各種豐富與精彩，尤其親自以雙手打造的事物，更貼近生活最為純粹的本質，而蘊含著細膩和療癒；作為一種展現個人創造力的泉源，手作與生活有著交織不盡的密切關係，它不僅能夠賦予物件美感與溫度，亦激發人們深入地體驗生活之美，更在快速變動的現代社會中，引領大眾放慢腳步、專注於當下，享受心靈的療癒。全台擁有多家分店的「下班隨手作」，是一家採用一站式概念的手作體驗平台，人人不需要是藝術家，即可透過平台上近百種手作體驗課程，在下班後的閒暇時光裡，綻放出無限的創意，編織出屬於自己獨一無二的藝術之旅。

身懷不同技藝，卻懷抱共同夢想

近來，手作體驗風靡於年輕世代的文化潮流之中，紛紛成為不少人下班後所從事的休閒娛樂首選，作為台灣手作體驗平台之創新品牌，下班隨手作共同創辦人 Martin 溫和而真摯地道出品牌背後，那段充滿了夢想、行動力與希望的創業故事。原來，下班隨手作是由一群來自業界不同領域，卻志同道合的五位夥伴所共同組成，之中有優秀的平面設計師、工業設計師、環境工程師，亦有具備專業行銷背景的品牌業務；雖各懷不同技藝，但抬頭仰望和擁抱的卻是同一個夢想。

「最初五人聚在一起皆有創業的目標，但並無任何實際的想法，直到有天我們其中一人提出，想做讓上班族能在下班之後可以放鬆自我的手作體驗，我們便開始朝向這方面進行鑽研。」Martin 回憶道。起初，夥伴們發現市場上未有能夠參考及借鏡的手作體驗品牌，面對一個充滿未

知的產業，五人的心裡都感到相當忐忑。Martin 接著說：「既然沒有大品牌引領，我們決定用創新的方式開創，經過多次技術、品牌上的調整與規劃，『一站式手作體驗平台』由此應運而生。」

所謂的「一站式手作體驗平台」，即是消費者能在同一平台上，找到各種不同的手作體驗。「我們結合多種手作領域，拓展不同的品項，更採用多元的體驗方式，現場的老師教學、平板教學，或者線上教學，讓大眾能夠選擇並參與適合自己生活型態的手作體驗課程，進而從忙碌的生活當中得到片刻的放鬆與樂趣。」下班隨手作的體驗課程不僅引領和激發生活創意，更能滋養與療癒心靈。

圖：下班隨手作共同創辦團隊，左排圖由上至下分別是淇淇和布丁老師，右排圖由上至下分別是俏俏、馬丁和見紅老師

圖：下班隨手作 1 號店位於知名西門商圈裡，質感、簡約的環境風格，讓手作體驗者感受到純粹放鬆的美好

革新式手作課程，共享無限創意

關於下班隨手作，最令人驚豔之處莫過於消費者能夠輕鬆地從官方網站上覓得近百種的手作體驗課程，從香氛蠟燭、環氧樹脂、手工皂、植栽、花藝、繪畫、調香、藍染到梭織，參與者人人皆可自由選擇並參與多樣化的手作體驗，揮灑個人的藝術細胞之餘，也讓下班後的生活開始優質而充實起來。

「除了老師教學、平板教學等規模較小的個人手作，下班隨手作更以革新的方式，破除大多數手作體驗課程最多僅可容納十人的限制，並擴增至每場數百人的規模，而且我們在全台各地皆可教課，許多知名企業都曾透過我們舉辦公司的團康活動。」Martin 提及。大眾耳熟能詳的知名品牌與企業如：保時捷、Volvo、賓士、雅詩蘭黛、香奈兒、LV、亞馬遜、HP、鴻海、IBM、Google、3M 等皆曾與下班隨手作合作，共同為企業打造出獨特而豐富的員工活動。下班隨手作為企業量身定做的客製化手作課程，除了能增進員工彼此間的交流，緩解工作上的煩憂，對於企業文化之培養及提升員工的凝聚力亦有顯著的幫助。

此外，Martin 進一步表示下班隨手作的未來展望，而其最遠大的目標在於一起帶動台灣的手作環境。由於當前台灣的手作品牌多為規模較小的個人手作品牌，多數僅能專注於藝術創作層面，下班隨手作的目標則是期盼以文創市集和工作坊的型態，協助個人品牌行銷及宣傳，讓全台優質的手作品牌共同發展，邁向共好共善。

圖：下班隨手作手作課之成品，細緻和療癒是體驗者將能感受到的美妙，左排圖由上至下分別是：多肉八角泥盆、壓克力流體畫杯墊、絢彩琉璃酒精畫，右排圖由上至下分別是：調酒香氛蠟燭、韓式質感花束、水晶寶石手工皂

圖：來到下班隨手作的體驗者，臉上紛紛洋溢著新奇而滿足的笑容

團隊經營三要素：成本、風格、共識

　　回顧創業之初，五位夥伴深知團隊欲大步邁進的是個無人走過、無例依循的路徑，下一步該如何前進，下班隨手作創辦團隊其實沒有過多的思慮；相反地，團隊在認定計畫的可行性之後，隨即嘗試和執行。首先，團隊將重點聚焦於提升創業所需的基本技能，例如：架設網站、學習 SEO、數位行銷；緊接著有效率地推出產品、建立起行銷方式，一步步成為下班隨手作今日的樣貌。

　　再者，經營一個成功的品牌絕非易事，能成為一個人氣手作體驗平台，Martin 感恩地說：「我們很幸運，所追尋的理想皆是能讓夥伴、客戶們感到愉悅的事物。以經營來說，確切執行成本的控管，深思熟慮適合自己的行銷風格，並努力建立一個具有共識、能共同成長的團隊以實現共同的夢想，我想，這是追求長遠經營所需關注的重點。」

　　如今，下班隨手作承載的不再只是五位創辦人的夢想，它更從一個個具美感和療癒的手作體驗過程中，將希望與悸動悄悄地散播至每位人間藝術家豐碩的心靈之中。

圖：在快速變動的現代社會中，引領大眾放慢腳步、專注於當下，享受心靈的療癒

品牌核心價值

全台擁有多家分店的「下班隨手作」，是一家採用一站式概念的手作體驗平台，人人不需要是藝術家，即可透過平台上近百種手作體驗課程，在下班後的閒暇時光裡，綻放出無限的創意，編織出屬於自己獨一無二的藝術之旅。

經營者語錄

期待打造一個更好的環境，讓不同的人發揮相對的價值。

給讀者的話

只有透過不斷的學習，才能在多變的環境立足。

下班隨手作

店家地址：台北市萬華區漢口街 2 段 121 號

聯絡電話：02-2371-4171

官方網站：https://www.xiabenhow.com/

Facebook：下班隨手作

Instagram：@xiabenhow

伯利恆
Bethlehem
藝術工作室

圖：伯利恆藝術工作室希望透過花藝作品，讓人們感受到愛與祝福的力量

以藝術之「美」傳遞愛與祝福

　　「萬物皆是美好的，且美好的事物都應被分享、被看見，並應以之傳遞愛與祝福。」篤信基督的謝秀中（秀秀），對於「美」有著獨到的眼光，她認為美好的事物不僅能療癒人心，更能成為一項媒介，將祝福和愛傳遞到人們心中。2022 年 9 月，她於新北市中和創立「伯利恆 Bethlehem 藝術工作室」，融合浪漫的花藝、香氛及攝影藝術，邀請人們放慢腳步，一同感受生命的美好。

浪漫花藝表達真摯情感，營造優雅氛圍

　　儘管花卉無法言語，但透過五顏六色的色彩、多樣的形態，以及蘊含其中的生命力，花卉成為傳達情感的最佳方式。從事婚禮攝影多年的秀秀深愛花卉帶來的感動，忙碌的工作之餘，她撥空鑽研花藝設計，並將攝影與花藝完美結合，期望人們能透過她的創作感受到愛和祝福的力量。

　　「伯利恆」是猶太地區一個不起眼的小鎮，同時也是耶穌誕生之地。秀秀說：「選擇伯利恆作為品牌名稱，是因為創立品牌的初衷並非追求名利，而是希望能像耶穌一樣，在微小的事上用我們的恩賜跟工作傳遞愛與祝福的福音。」或許就如同她最初的起心動念，剛創業時，不少基督教會友發現她優秀的花藝設計才華，開始邀請她擔任婚禮花藝設計，從而積累工作室正面的口碑聲響。

　　秀秀設計的花藝風格別具特色，以美式與歐式的低彩度色調為主，展現出自由奔放的風格，視覺上有著相當豐富的層次感。她深知現代人追求簡約設計，因此多數的作品都呈現出一種簡潔且具深度的美感。

圖：在這片璀璨的花海中，時光終將與美麗交織，師生們一同追尋著心中的無限可能

　　在她的創作中，每一朵花、每一片葉子、每一根藤蔓，都被精心設計與搭配，讓人們在婚禮這個特別的日子，能夠感受到一種清新、自然、又不失優雅的氛圍。花藝不僅是一種視覺藝術，更是心靈互動的表現，秀秀希望透過她的花藝作品，讓人們感受到愛與祝福的力量；因此，她總是用心聆聽客戶的需求，並將他們的故事融入設計中，創作出獨一無二的花藝作品。

　　秀秀除了是位優秀的花藝師，多年來，她在婚禮攝影也得到眾多讚響，特別是她擅長捕捉婚禮現場每個具有意義的瞬間。她表示，婚禮是兩個人一生中最重要的時刻之一，過程中新人的情感流露、宣誓的時刻、交換戒指之際，都是充滿愛和幸福的場景，透過鏡頭的忠實紀錄，成為一種將「愛」永恆化的方式。

圖：無論是成人或孩子都能在手作課程中獲得巨大的心靈滿足，並感受花藝帶來的美好與寧靜

圖：綠意盎然的工作室宛如世外桃源，充滿自然的氣息和溫馨的氛圍

手作課程重拾內心連結，發現生命之美

在現代繁忙的生活中，人們常常被壓力和焦慮所包圍，失去與內心的連結，為了幫助更多人重新找回內在的平衡，並看見生活中美好之處，伯利恆藝術工作室不定期舉辦花藝手作課程，邀請大家透過手作體驗花卉帶來的美好能量。

有些人送花可能只是覺得花很漂亮，但有些人更希望表現的是心意。藉由花藝創作將心意傳遞出去，同時也是手作課程的另一目的，秀秀表示，「有些人希望親手創作花藝，但他們未必有管道來學習如何製作，透過這樣的課程，讓人們有機會學習，結束後也有完整成品送給所愛之人。」在手作課程中，秀秀會一一介紹各種工具和技巧，讓每個學員在實作前都具備花藝創作的基本知識，並有信心能從基礎到進階，逐步完成作品。無論是長者或小孩，都能從中找到一片療癒的天地。

除了花藝課程，伯利恆藝術工作室還提供似顏繪與客製化香氛，似顏繪以繪畫結合花藝，具有豐富的植物元素，以此彰顯人物的生命力及柔和之美，每一個作品都是獨一無二，能充分呈現出人物的個性和風格，深受不少年輕人的喜愛。有人說：「香氛不僅是一種味道，更是回憶與情感的表達。」香氛能喚起人們的記憶，也是一種展現情感的語言。因此，工作室也有提供客製化香氛服務，顧客能任選喜愛的香味進行調配，製作出專屬於自己的香氛，透過獨特氣味營造出專屬的氛圍。

在過去兩年多的時間裡，透過創意與專業以及跨領域的融合，工作室以「美」為載體，成功地將愛和祝福傳送到許多人心中。未來，秀秀也希望能將品牌擴展到全台，她說：「由於基督的信仰，我希望透過花藝、攝影、香氛、視覺設計等各種方式，傳遞聖經中的訊息，讓人們的心中都能擁有依靠上帝帶來的平安。」

展望未來，在服務項目上，工作室也正思考結合不同類型的創作或規劃異業結盟，與不同領域的人一起合作，激盪出更多創意的火花、開創多元化的服務和產品。創業的旅程中，秀秀始終跟隨神的帶領，即便在疫情蔓延之時，創業顯得更加不易，而她始終抱持信心，相信在神的引導與開路下，即便遇到困難，神也必將為她開啟嶄新的機會。

圖：透過手作體驗花卉帶來的美好能量，重新找回內在的平衡

品牌核心價值

相信每個時刻都具有意義，萬物都是美好的，在這個藝術品牌上結合畫筆、花、香氛和相機，希望能帶給每一位客戶，透過我們創造出獨一無二的禮物，傳遞更多的祝福。

給讀者的話

相信每個人都是有價值的，你我都很重要，讓我們一起坦承地用行動來表達。

經營者語錄

用心在每個時刻，傳遞祝福跟愛。

伯利恆 Bethlehem 藝術工作室

店家地址：新北市中和區景新街 423 巷 4 號 1 樓
產品服務：插圖設計、似顏繪、喜帖設計、
花藝設計、人像攝影、課程教學、香氛、擴香石

Line：
Facebook：伯利恆 Bethlehem 藝術工作室
聯絡電話：0922-621-392

圖：在森淶特，每個人都是一道陽光，給予彼此能量，共同努力、共同成長

普照萬物，如陽光般的愛與能量

陽光是萬物生長的必要元素之一，也是一種無有偏心、普照萬物的能量。音譯於「sunlight」（陽光）的「森淶特托嬰中心」，致力於如同陽光般，為每個在此世界初來乍到的孩子，提供成長所需的能量、資源與教育，讓他們的生命能獲得充足的養分，成長茁壯，未來也成為一道能照亮他人的耀眼光芒。

打造鐵三角的愛之循環，讓關懷在其流動

最初創立森淶特時，創辦人陳昱桂便不停思考，托嬰中心難道只能是一個照顧年幼嬰孩的場域嗎？她與共同創辦人楊嘉玲想做的不只是這樣，她們希望能透過「共同相伴，互相扶持」的合作模式，幫助更多新手父母，一同享受這段永遠無法重來的精彩旅程。

「在森淶特，老師給孩子成長能量、給家長育兒信心，孩子、家長分別用成長的成果與正向鼓勵給老師成就感，每個人都是一道陽光，共同努力，給予彼此能量。」陳昱桂說。正如同這個充滿愛的理念，森淶特不只是單向式地給予孩子照護及教育，更會設計不同主題活動、遊戲課程，引領父母一起參與、感受陪伴孩子成長的喜悅，教育是老師與父母的雙向合作。

森淶特以美感知覺教育為主軸，並依適齡適性設計符合孩子的「森林探險記」，以美感—探索—發展為循環，進行互動式遊戲教學；簡單好上手的課程內容，也讓家長能在家中與老師進行同步教育，不僅建立親師教育默契，也能增進親子互動關係。為了讓父母習得更多育兒方法，疫情期間，儘管托嬰中心停課兩個月，森淶特也運用影音、繪本錄製等方式，與父母分享和孩子互動的方法。陳昱桂說：「疫情那段日子，許多家長開始居家上班，不少家長非常無助，我們才發現父母並非不想陪伴孩子，而是不知如何著手。因此我們分享運用家中唾手可得的物品來設計簡單的遊戲，並錄製教學影片，讓家長在家也能輕鬆操作。」

圖：父母一同參與活動，於孩子每個階段的成長留下寶貴回憶

不只是照顧，教育孩子更是至關重要

　　一般大眾對於托嬰都存在一種迷思，認為只要把小孩顧好就好了，其他都不重要。而森淶特卻不這樣認為，若能在 0 到 2 歲這個階段給予孩子不同型態的教育與刺激，便能為孩子奠定更佳的發展基礎。「除了照顧孩子外，我們非常重視設計不同年齡層孩子的教育規劃，讓他們透過遊戲、互動或手作，發展認知、情緒、肢體等各方能力。」楊嘉玲說明。

　　由於三個月以下的嬰兒身體狀況穩定性較低，若托育人員專業度有限，多數托嬰中心都會傾向減少接收此年齡層的孩子。森淶特卻完全不同，他們不僅歡迎這月齡的嬰兒，更對其投注了特別的關愛。這背後最大的原因是，由於楊嘉玲同時擁有護理、幼保雙學歷，不僅在護理領域游刃有餘，同時也對 0 至 6 歲嬰幼兒托育有全面高度的專業，且森淶特認識到，這個階段的家長常常面臨各種育兒困惑，卻又求助無門，因此森淶特特別希望能成為家長的後盾，增強他們的育兒信心。楊嘉玲表示，在這個階段許多人可能只關注到嬰兒的生理需求，卻忽視了此時是發展啟發的關鍵期。身為老師的一大成就即是透過各種巧思與教育設計，達到啟蒙，如同按下一個個啟發孩子成長、發展的開關，讓孩子能自信、愉快地長大。

你的曙光・孩子的陽光
Sunlight Daycare Center

圖：高品質的托嬰服務及充滿溫度的教育理念，讓森淶特每一場的招生說明會都座無虛席

圖：森淶特希望能透過「共同相伴，互相扶持」的合作模式，幫助更多新手父母，一同享受這段永遠無法重來的精彩旅程

超前部署，疫情期間完善守護嬰幼兒健康

　　2019 年爆發無法一眼望到頭的新冠肺炎疫情，對於許多托嬰中心和幼兒園來說，無疑成為營運上的最大挑戰，如何確保孩子保持健康，讓許多家長和老師相當煩惱。

　　為預防傳染病，森淶特有著托嬰中心少見的嚴格規範，不只是因應新冠肺炎疫情，只要孩子有任何感冒、流鼻水、發燒等症狀，便會請家長安排居家照護，堅持有症狀就不上學的原則。陳昱桂指出，不少人都會將托嬰中心污名化，戲稱是「病毒製造所」，但托嬰中心並非製造病毒的地方，往往是因為對疾病有隱瞞、有症狀仍上學，導致交叉感染，而讓托嬰中心成為代罪羔羊。

　　「儘管有些人覺得規定很嚴格，但為了讓生病的孩子妥善休息，也降低交叉感染的風險，避免殃及更多孩子與家庭。從招生時我們就謹慎地與家長溝通，確保能夠遵守中心的規定。」陳昱桂說明。透過防患於未然的機制，森淶特托嬰中心的家長也具有高度共識與默契，幾乎從未因此發生不愉快的狀況，甚至相當認同、認為為了孩子實行嚴格的規範有其必要性。

翻轉舊思維，激發孩子無限潛能

　　楊嘉玲與陳昱桂的年齡分屬於七、八年級，在幼教及托嬰產業中，算是相當年輕的世代。但「年輕」並不意味著缺乏經驗，反而是一個能翻轉傳統思維的契機。楊嘉玲表示：「年輕世代的托育人員有著更多的活力與想法，陪伴孩子時，也願意讓孩子做出更多的嘗試，以及設計許多具有儀式感的活動，邀請父母一同參與，這些在傳統的托嬰中心都較為少見。」

　　楊嘉玲以「吃飯」舉例，年輕世代的托育人員對於培養孩子的獨立性和自主性更加重視，他們不怕花時間、不怕孩子弄得一片混亂，吃飯時，不只是單純餵孩子，更會訓練孩子學會使用湯匙，即使一開始孩子還無法完美握持湯匙，但每天的練習，就是學習的必經路程。

　　從 2020 年創立至今，走過疫情的挑戰，回首這三年多，對於楊嘉玲與陳昱桂而言，創業最難的並非成立托嬰中心後的營運，而是立案前的煎熬等待。陳昱桂表示：「立案前需要經過政府機關五個局處的審核，每個機關就要耗時約一個月，但房租每個月都需要繳納，由於不知道何時能正式營運，房租又一天天流失，這才是最難熬的。」談及未來規劃，由於高雄的媽媽群組都相當熱情推薦森淶特，這也讓森淶特不得不加快腳步，著手開始在楠梓區尋覓第二個空間、創辦第二個中心，以收托更多可愛的孩子。相信當第二個中心落成時，也將有眾多如陽光般燦爛的笑容在此綻放，為更多家庭增添幸福與歡樂。

圖：森淶特憑藉明亮整潔的空間和充滿愛心的教育理念，在高雄市成為首屈一指的托嬰中心

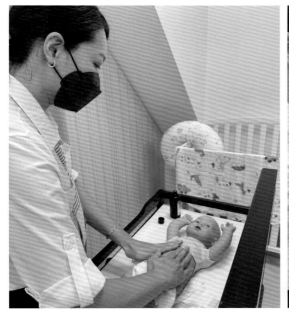
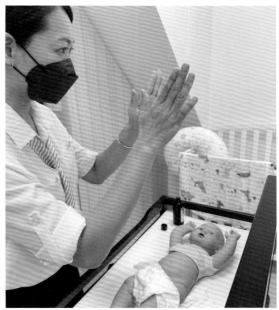

圖：舉辦嬰兒按摩衛教課程幫助父母學習照護技巧，並與孩子促進情感連結

品牌核心價值

　　建構完整托嬰鐵三角，專業向心力足的「老師」、理念相符的「家長」，足以支撐品牌信念；互信、互重、有效溝通，才能給予「孩子」正向影響力。

給讀者的話

　　托嬰中心看似陪伴孩子很單純，但經營並不純粹，要同時面對托育人員、家長與機關，若要投入，務必有經營管理能力。畢竟是機構，失誤容許度低，因此必須發揮團隊優勢，經營者更要面面俱到，並隨時要有一人多用的心理準備。

經營者語錄

快速變遷的世代下，教育、教養觀念也隨其變化，既能創新又能維持中心思想，打造品牌價值永續經營，才是創業真正的課題。

高雄市私立森淶特托嬰中心

中心地址：高雄市楠梓區加昌路 653 號

聯絡電話：07-365-5077

Facebook：高雄市私立森淶特托嬰中心

圖：夏花花藝主理人菀淨老師

在浪漫唯美中遇見大自然賜予的愛與幸福

　　永生花，猶如時光凝固的美麗詩篇，它們是大自然的神奇恩賜，將生命中最美好的瞬間永遠鎖定，從此不枯萎、不凋謝；伴隨著花瓣柔軟的觸感、鮮明的色彩，人們以一束束永生花向所愛之人傳遞永恆的承諾，共同沐浴在花海的幸福之中，感受時光凝結下所綻放出的不朽與優雅。位在基隆市的夏花花藝教室，除了提供花藝設計與花藝訂製的服務，更致力於培養專業花藝師，期盼為每位學員打造出一份傳遞愛與幸福的職業，並在從事自己真正喜愛之事的過程中閃閃發亮，願花朵與人成為最美的日常。

不忘對花的悸動，對生命的熱情

　　「時尚的最大極致，就是藝術。」創立夏花花藝，近年致力於花藝教學的夏花花藝主理人菀淨老師說。從小看著身為髮型設計師的母親工作，耳濡目染下菀淨老師對美擁有相比常人更加敏銳的概念，而對於花這樣美麗和浪漫的存在，更是有一股莫名的悸動深藏在她的心中。

　　出社會後，菀淨老師從事過化妝品彩妝業及電信服務業，無論身處任何領域，她總能取得最佳成績，例如：2019 年榮獲台灣連鎖暨加盟協會頒發的「2019 全國商店優良店長」獎項。在個人職涯達到相當的高度與境界後，菀淨老師深思，這輩子最愛的事物是什麼呢？浮現於她心中的，是一朵朵綻放開來的花——「花藝」，是菀淨老師選擇忠於自我的答案。

　　生命有喜亦有悲，經歷過豐富的人生歷程後，菀淨老師開始明白生命的真諦，如同泰戈爾《漂鳥集》中所述「生如夏花之絢爛，死如秋葉之靜美」，面對人生的無常，菀淨老師說：「如果我們無法控制生命的長度，那麼這輩子一定要活得像夏天盛開的花一樣燦爛。」隨後，她便啟程並踏上了學習花藝的道路。

圖：各種花藝作品，展現菀淨老師獨特的美感與精巧的手藝，客人訂製專屬的花禮，也深受推崇及讚賞

　　學習花藝的過程是艱辛的，每回總要扛著大型的花器和花材作品回家，所幸這條充滿挑戰的路途中菀淨老師有先生的支持與相伴，更在學習考證期間不斷鼓勵她持續精進。

一對一家教式課程，培養專注自在的花藝學習環境

考取日本 AUBE 永生花協會，與美國芝加哥花藝設計學院的花藝師證照和講師資格後，菀淨老師未曾有過絲毫鬆懈，她以每年考取一張花藝相關證書的目標持續邁進，每年都會出國研習或看展，近期更遠赴韓國花藝學校吸取不同國家的花藝技術和文化；如此拚搏皆是源自於她對學生的責任心，她分享：「教育必須承擔學生的託付，我希望每位踏入夏花花藝的學生，都可以得到他們想要學習的目標和收穫，因此我在課堂上必定知無不言、言無不盡地分享各式各樣的花藝趨勢與技巧。」

不同於其它花藝教室的團體課，夏花花藝最大的特色即在於「一對一家教式教學」，學生主要以在職工作者，例如：護理師、教師、上班族居多，因此以彈性約課方式，像進行一場私人聚會般，讓學生在學習過程中得以專注，又能感受到學習花藝的愉快和自在。「在花藝教學中，建立起亦師亦友的良好關係，這也是我從事花藝教學前意想不到的美好。」菀淨老師真誠地說。

作為基隆目前唯一有教授永生花及鮮花國際證書師資課的認定校，夏花花藝除了花藝教學之外，也提供花藝訂製服務，在情人節、母親節和聖誕節等多元的節日裡，為訂製的客人帶來滿滿的驚喜與感動；雖然節日讓菀淨老師經常忙碌到忘記三餐，但每當客戶收到花禮後，回饋而來的喜悅，讓她覺得一切都值得了！

圖：帶領著學生沉浸在一片花海中，對於菀淨老師而言是最幸福的事

圖：身為專業花藝講師，菀淨老師擁有日本 UDS 協會晶漾花講師資格證照、日本 AUBE 永生花協會花藝師證照、永生花協會講師資格，美國花藝設計學院花藝師資格證照、花藝講師資格證照，麗日本浮游花專利公主證照，韓國教育廳 HRD 雙認證 Very View 花藝學院畢業，韓國 IFDA 鮮花花藝師資證照；並且談到從事花藝工作需多看展覽、接觸大自然、培養一雙欣賞美的眼睛

放眼未來：培育優秀花藝師與提供優質服務

　　談到未來的展望，菀淨老師表示，她最大的期盼就是培育出更多優秀的花藝師和花店從業人員，並且深根於學習資源相較台北而言更缺乏的基隆，為基隆的文化教育做出貢獻。因此，除了原先的日本 AUBE 永生花專業師資課程培訓、Atelier de fleur 麗日本浮游花專利公主證照課、日本 UDS 協會晶漾花講師培訓課、韓國 IFDA 鮮花花藝師資課程培訓外，2024 年即將導入全新的韓國 KDFA 花卉設計協會在台證照課程。「期許未來台灣將更重視花藝人才的教育，一同欣賞這隨手可掬的幸福。」

　　此外，菀淨老師也提及夏花花藝目前正在規劃的電商網站，結合線上刷卡付款下單，讓國內外的客戶都能夠更方便地選購合適的花禮，把滿滿的心意和祝福，即時送予這輩子最為珍視的人。

圖：懂得愛自己，做自己喜歡的事情，就會閃閃發亮

品牌核心價值

花藝師是一份傳遞愛與幸福的職業，我們致力於培養更多專業的 Florist。做自己真正喜愛的事，就會閃閃發亮，讓花朵與人成為最美的日常。

給讀者的話

成為一名專業的花藝師，還需要培養許多技能，例如攝影、撰寫文案、行銷等能力。從大自然生活中去培養美感，學習花藝的路就如同一場漫長的馬拉松，勿忘初心，順著自己的心意往前走，就會看到沿途繁花似錦的風景。

經營者語錄

人生沒有白走的路；未來的你，會謝謝此刻正在努力的自己。將來，你也會成為別人的夢想。

夏花花藝

店家地址：基隆市信義區深溪路 184 號 2 樓

聯絡電話：0921-690-671

Facebook：夏花花藝－花藝教學 / 基隆花店 / 不凋花乾燥花浮游花 / 花藝證照課程 / 花禮設計

Instagram：@summer_flower0114

官方網站：https://hemusih.com/summer-flower/

KHUNTOR TAINAN

圖：鯤島希望以台灣為出發點，打造出一間訴說著台灣歷史、文化、故事的餐酒館

守護台灣在地價值的人文餐酒館

居住在台灣這座漂浮於太平洋的島嶼上，翠綠山與蔚藍海是交錯在居民日常中的一道風景，而熱鬧的街市和穿梭其中且充滿溫情的在地人，則時刻為這片土地演繹著令人熟悉的景象；但若要將視角的焦點移至台灣島的前世今生，意即這座大島自數百年前孕育而出的國際商貿、多元文化與自由精神等深厚的在地價值，人們往往開始在熟悉中感到一絲陌生。對此，位在台南的餐酒館「鯤島 Khuntor」，無論是福爾摩沙、大員還是台灣，店主人決心以守護台灣珍貴的在地價值為己任，研發出別具創意及特色的手路菜、調酒和精釀啤酒等，期盼能從餐與酒的味蕾風貌裡帶領每一位客人，品味台灣的豐富物產和人文底蘊，進而走近並感受那些一直存在於生活周遭，卻時而為人所遺忘屬於這片土地的故事。

以情感與意志，打造屬於台灣人的「鯤島」

身為一位台南人，Nicky 深知台灣這座島嶼的歷史意義——當年台灣開始躍上國際舞台，與來自四面八方的文化相互交會融合，便是由台南此地開展它數百年來的精彩旅程。Nicky 和一群同樣在成功大學唸書，熱愛著台南這座城市並且期盼能有更多人前來發掘這片土地精髓的朋友們，決定以餐酒館的形式，將台灣之美呈現在人們的視野中。

「透過本身對這塊土地的情感和意志，我們希望以台灣為出發點，打造出一間訴說著台灣歷史、文化、故事的餐酒館；藉由人們容易親近的餐點和酒水，創造出關於台灣這塊土地，我們想表達的內涵及意象。」鯤島 Khuntor 共同創辦人 Nicky 談及。而之所以把店名取為「鯤島」，Nicky 表示，這是古時文人對於台灣這座島嶼的雅稱之一，宛如一條悠游於太平洋中的大魚，以鯤島為名講述著台灣的一切，再合適不過。

圖：店內以各種圖像元素忠實呈現『鯤島』的涵義，令人沉浸在台灣島的美妙詩意之中

　　開業於 2019 年底，鯤島 Khuntor 自驚險的疫情中存活下來，Nicky 認為，創業的過程雖然充滿各種困難及挫折，但由於投入在自己所熱愛的事物中，讓他享受遠大於辛勞。正是如此正向、寬廣而穩健的心態，促使來到鯤島 Khuntor 的客人皆有機會見到有別於一般餐酒館，那交融著歷史人文薈萃的獨特風貌。

圖：鯤島 Khuntor 充滿台南風格的創意菜色，圖為酥炸安平港

食與酒的人文史地講述

在琥珀燈光的照映下，鯤島 Khuntor 店裡播放著的是出自台灣土地上的悅人音樂，從具創意特色的菜色中引領人們看見真實的台灣。對於餐點、酒水與品牌理念之間的關聯性，Nicky 分享了他的想法：「我們結合台南的地名和物產，讓客人從他們品嚐到的食物、酒品，與台南這塊土地有所連結，這樣的新奇和驚豔也許會激發他們的好奇心，而產生了認識這個地方的興趣。」

鯤島 Khuntor 的菜單品項多樣而富有巧思，主打的手路菜、調酒和精釀啤酒，都是讓客人流連忘返的美好風味。以手路菜來說，Nicky 推薦創店以來直至今日依然是招牌菜色的「鯤島魚嶺」，選用無刺且口感佳的虱目魚背鰭肉，搭配香氣奔放的油蔥酥，這道由台南代表性物產烹調而成的美味，堪稱鯤島 Khuntor 店內的經典之作。至於調酒，除了熱門的麻豆·碗粿，Nicky 也推薦發想自長島冰茶的「鯤島·冰茶」，由四種經典基酒加上創意元素，客人喝下的不只是一杯調酒，也喝下象徵著台灣族群大融合的歷史文化脈絡，最後的回香則帶起一股冬瓜糖的香甜味，那是鯤島 Khuntor 對於台南這片土地未來的美好盼望。

除此之外，Nicky 亦積極推廣台灣在地品牌，例如：精釀啤酒、茶、農產品和冰淇淋等，也期待未來將有更多聯名合作，一起將優質的台灣物產分享出去。「我們經常眺望遠方，可其實最美好的驚喜都來自生活周遭。」Nicky 感性地說。

圖：左排圖由上至下分別為，紅糟血腥義大利麵、海潮白糖粿
右排圖由上至下分別為，麻豆・碗粿、鯤島冰茶、鯤島魚嶺

圖：在鯤島 Khuntor，每個角落都蘊藏著在地的文化內涵

創業的本質——理想與現實的碰撞及掙扎

作為一家坐落在成功大學校區附近的餐酒館，鯤島 Khuntor 也闡述著一群懷抱夢想的年輕人走入現實社會的歷程和故事，理想難免與現實發生摩擦，然而，Nicky 秉持著理性看待這一切；他認為，理想和現實的碰撞所導致的種種挫折及掙扎，其實就是創業的本質，更是創業路上的必然，因此，若能在其中取得妥善的平衡，對於品牌塑造與經營皆是有益之事。

「許多青年創業家，帶著遠大的理想創業，因為遇到各式各樣的困境，導致店面無法持續經營；所以，我認為創業初始應該要先回到現實層面，考量產品是否符合市場需求，當前的商業模式是否足以支持品牌理念，會是比較實際的作法。畢竟，只有在事業逐漸穩定下來之後，講述的道理才會使人信服，度過現實問題我們才有機會把理念發揚光大。」Nicky 帶有遠見地說。

品牌核心價值

鯤島 Khuntor，秉持著「越在地，越國際」的理念，決心以守護台灣珍貴的在地價值為己任，研發出別具創意及特色的手路菜、調酒和精釀啤酒等，帶領每一位客人從食與酒的味蕾風貌裡，品味台灣的豐富物產和人文底蘊，進而走近並感受那些一直存在於生活周遭，卻時而為人所遺忘屬於這片土地的故事。

給讀者的話

「文化是活在人身上，透過土地傳承的。」鯤島作為一家餐酒館，其實在思索的事情是如何讓餐酒這件事走出餐酒館，讓更多的朋友可以更了解跟親近這塊土地。

創業，也許是一條辛苦的路，但也是因為創業，讓鯤島有機會將理念讓更多人知道。我們創立鯤島，也許並不是想要改變世界這種偉大的理由，但如果可以更喚起更多朋友對台灣的關注，進而去更守護我們的家園，守護這塊土地，那，我們是不是也有了改變台灣的機會呢？而鯤島所有的嚮往，都是給台灣一個更好的未來，給我們的家人，給我們的下一代。創業，是一種面對現實的挑戰，但同時，也是浪漫的編織。

經營者語錄

「你只是大大的世界中小小的一個島嶼，我欲用全部的氣力唱出對你的深情。」當你愛一個地方時，你就會用盡全力保護它。你的公司、你的事業、你的家人、你的所在——台灣。

鯤島 Khuntor

餐廳地址：台南市北區東豐路 257 號　　　　　Facebook：鯤島 Khuntor
聯絡電話：06-208-9453　　　　　　　　　　Instagram：鯤島 Khuntor

圖：大金空間設計，為家注入一股長遠而不盡的溫暖和幸福

以專業與實惠，實現夢想完美家居

在台灣房價高漲的時代，隨著房地產市場的不斷攀升，社會大眾購屋時亦深感沉重的壓力；然而，儘管如此，人們對於擁有一個夢想中的生活空間之渴望卻是永不褪色的。家，對居住者來說，不僅是四面牆和屋頂的簡單組合，其所詮釋的價值與意義非凡，除了是令人感到安心而放鬆的避風港，更承載著無數的歡笑、溫馨及美好回憶。大金空間設計，傳承自三十多年的建材批發經驗，掌握品質卓越的室內設計材料，除了擁有完善且精良的空間規劃流程與專業的室內裝修技術，更在高房價的時代中，致力於以體貼客戶的實惠預算，滿足並實現人人夢想中完美的家居美學，為家注入一股長遠而不盡的溫暖和幸福。

自家族事業底蘊中，磨練出獨到的見解與設計

家族經營建材批發近四十載，大金空間設計創辦人黃建瑋 Nick 從小聆聽著材料的低語，因此，每一種材料的紋理、質地、用途，皆潛藏在他的成長記憶之中，也造就了後來的他在空間設計之材料運用上擁有深遠的認識和精準的掌握。

年華的轉動，台灣房價的漸升，在這片土地上每一個夢想都變得異常沉重，然而，Nick 的理念讓大家的美夢不再遙不可及。畢業於上海同濟大學土木學院工程碩士班，並持有建築物室內裝修乙級證照的他，毅然將家族事業進一步整合，藉由建材批發、廣告設計等多元資源的巧妙結合，融入自身工程圖學的技能，投入到室內設計與裝修的領域中，促使尋求大金空間設計協助的客戶不需要花費上百萬，也可以擁有一個深具美感、溫馨又舒適的家。

Nick 深具同理地表示：「房子很貴、賺錢很難，那麼，運用品質好的材料和負擔得起的裝修預算，打造出人們心目中理想的居家環境，擁有良好的生活品質，就是我的初衷。」家，是生活的據點，是未來的憧憬，為每一個家庭繪畫出理想的居住藍圖，是 Nick 所堅持的理想。

圖：左上圖為設計放樣，讓客戶了解設計後家具間的位置與格局的動線狀況，以補足 3D 圖的實際空間感；左下圖為特殊五金旋轉鞋架，以系統櫃一半不到的價格，讓收鞋量變成兩倍；右上圖為特殊五金伸縮桌，運用一個抽屜的空間，隱藏一家人的餐桌；右下圖為玄關長虹玻璃屏風施工，讓空間感與質感呈現跳躍式的上升

圖：大金空間設計裝修作品之一，
現代風格藝廊小豪宅

讓外行人也能看懂精髓：
全彩實境呈現，生動預覽
未來家居

創業八年，Nick 謙遜坦誠，初創時期最大的挑戰在於缺乏穩固而扎實的口碑，但這並未動搖他的決心；如同築起一棟堅穩的建築物，在為品牌打造堅實根基的過程中，Nick 亦從與客戶交流的過程中，逐漸明白了外行人的迷茫及困境，並通過不斷地反思與調整，如今的他已創建一套讓外行人也能領悟內行精髓的溝通之道。

「大多數客戶都是首次裝修，會有許多問題等待解決，所以需要一個值得信任的設計師協助，而耐心解答客戶的疑問至關重要。我認為，與業主達成良好的傾聽及溝通，由專業的經驗中給予他們建議，並打造出符合其需求的裝修成果，對我們而言才是最好的設計。」Nick 強調。

大金空間設計的優勢在於，Nick 深刻理解材料選擇對空間氛圍的影響，也注重室內裝修的細節、品質和實用性，更提供現場丈量、放樣、全彩色施工圖、3D 模擬以及環景 3D 圖等一應俱全的服務，只為能夠讓客戶完整掌握裝修動態，清晰每一筆開支的去向，以及把關每一個環節。Nick 解釋：「大金的價格親民，服務完善，最大的特色在於我們提供 3D 擬真，每一位客戶都可以從清楚的標示上，得到對空間和裝潢的具體概念，讓施工前後期待不落空，甚至在交屋時給予滿意度極高的回饋，直至今日客戶對大金的評價幾乎是零負評。」

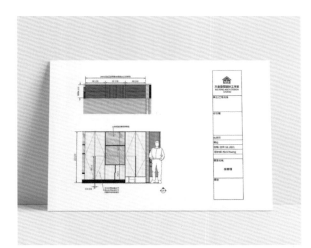

圖：現代北歐風健康無毒宅，由上至下分別為：客廳收納櫃全彩施工圖、客廳收納櫃擬真 3D 圖和客廳收納櫃實景照

圖：Nick 帶領著大金空間設計為人們開拓夢想之家，未來將結合智能家居館，
打造全新型態的幸福住宅

勇於嘗試的精神信條與創業哲學

零負評的品牌，如同一門深具匠心的藝術，經營者以卓越的品質和無可挑剔的服務，締造出無限價值。大金空間設計以建造夢想為底色，將家居空間打造為生活的詩篇；作為一名創業者，Nick 亦分享他一路走來的創業智慧，為夢想路上之探索者獻上指引，願一同追隨與實踐美好願景。

他感性地說：「人生沒有回頭路，回顧過去所學，或許會發現老天爺為我們準備了一條更適合的道路。學生時期的工程知識，和家裡的建材及廣告美學結合一起，剛好就是室內設計，所以在確立目標後，我努力把不足的地方補足；從創業開始的代繪設計，到考取證照，再到獨立施工發包工程，我慢慢地累積經驗，從失敗中汲取智慧不斷進步；假若未曾嘗試，至今我仍然只是一名具備證照的代繪設計師，或甚至連設計的門檻也沒有踏入。因此，如果迷茫，就思考自己的天賦和渴望，追隨該目標，持之以恆地實踐，成功不再遙不可及。」

對 Nick 來說，每個瞬間都是一堂珍貴的課，每次經歷都是一場昇華的契機，將感悟化為行動力，在平凡的生活中，以自己熱忱之所在勇於嘗試，終能成就一幅幅屬於自己的美麗風景。

品牌核心價值

大金空間設計，傳承自三十多年的建材批發經驗，掌握品質卓越的室內設計材料，除了擁有完善且精良的空間規劃流程與專業的室內裝修技術，更在高房價的時代中，致力於以體貼客戶的實惠預算，滿足並實現人人夢想中完美的家居美學，為家注入一股長遠而不盡的溫暖和幸福。

給讀者的話

在追求目標的過程中，我們經常會發現實際執行時的挑戰和問題，這時，謹慎的反思和不懈的檢討變得至關重要，以此為進我們才能不斷優化策略，努力邁向成功的道路。

經營者語錄

最好的設計不一定是用最棒的材料、最高的預算，但一定是最適合顧客理想中家的樣子，把顧客當家人，才能創造出家的溫度。

大金空間設計

公司地址：台中市北屯區太原路三段 771-1 號 2 樓

聯絡電話：0972-966-177

Facebook：大金空間設計

Instagram：@bigking771

圖：透過「下筆｜質感繁中文編輯 APP」，用戶便可輕鬆的在限時動態中，展現出各式風格的字體和色彩

下筆｜質感繁中文編輯 APP

在現代人的生活裡，打從被數位鬧鐘喚醒的那一刻起，手機與我們的關係早已密不可分、如影隨形，作為某種生活的延伸體，它為我們帶來各種功能和便利，不僅是通訊及效率工具，也是乘載娛樂與社交的橋樑。時下年輕人喜愛的 Instagram，透過手機介面即可將個人的生活、資訊和理念藉由圖文方式傳達出去，而使用率極高的限時動態，是多數用戶滑動手機時的重心，為了使其文字風格更具創意，不少人會學習繁瑣但不便的操作進行限時動態的字體更改。斯帕科技股份有限公司所開發的「下筆｜質感繁中文編輯 APP」即是一款為字體創意而生的手機程式，用戶於簡約而細緻的介面之下，只需經由簡單三步驟，即可在限時動態中寫出質感繁體中文字，以文佐圖，為生活的每一篇章雕琢出翩翩詩意。

科技迷的夢想之旅，從自學做遊戲到創業開發 APP

邁入二十一世紀，人類科技迎來顯著的飛躍，為生活帶來極大的效率和便捷，這一切可謂得益於科技巨人善於洞悉人性、專注創新，從賈伯斯在蘋果公司所開發的 Mac、iPhone 等劃時代數位產品，至伊隆馬斯克創辦的 Space X 太空探索技術公司和特斯拉汽車公司，皆是開創人類新時代的重要典範，也引領著許多對科技知識及產品懷抱著熱情與理想的科技迷，以他們為榜樣踏入科技領域，斯帕科技股份有限公司創辦人李昱霆即是其中之一。

成長於台南，李昱霆早在就學時期便展現出對科技無比的熱愛。他坦言：「高中時沉迷於電動遊戲，喜歡玩魔獸世界，有打進世界排名；大學時，因為不擅於讀書，索性不去上課。」這位對遊戲熱愛無比的大男孩，在步入大學後萌生出開發小遊戲的想法，不去上課的他，運用課餘時間自學 APP 開發之相關知識和技術，也為未來的創業之路打下堅實基礎。

畢業後，李昱霆輾轉於遊戲公司、生技公司、新創公司上班，任職過營運助理和 Android 開發者，並且曾在新加坡當地公司任職 iOS 開發者，然而，不安分的他創業夢未曾被磨滅，始終希望能藉由自己團隊開發出的 APP，滿足使用者的生活需求。李昱霆真切地說：「期盼能向賈伯斯和伊隆馬斯克學習，為人類生活帶來實質改變，讓世界變得更加美好！」

圖：李昱霆 Jerry 喜歡開著 Tesla Model Y 到處車宿生活。除了體驗科技，他也想體驗數位遊牧的感覺；車上空間包含工作區、睡覺區和晾衣區，生活方面一應俱全

數碼墨蹟：極簡便利用戶體驗下的繁中詩意

創立於 2022 年 1 月，斯帕科技股份有限公司在李昱霆的經營之下，陸續開發出幾款 APP，但產品的表現並不如預期，直到開發出「下筆｜質感繁中文編輯 APP」後，才迎來團隊所期待的新契機。

以極簡美學傳遞文字風格的「下筆」，其誕生並非來自於巧合，而是李昱霆對生活時刻保持著好奇心且深入觀察所結下的成果，他對下筆這個新點子萌芽的過程，娓娓而談：「有天我看見團隊夥伴在使用 Instagram 限時動態，她為了在限時動態上打出不同的字體，進行了一連串相當複雜的操作，而當時社群用戶也都是如此操作。我覺得很荒謬，但也明白這正是一種用戶需求，於是決定深入研究，開發出一款可以簡化字體更改流程，既方便又美觀的 APP。」由於當時公司的財務狀況已經告急，迫使團隊拼盡全力，用短短三個月的時間奮力一搏，開發出這款理想中的編輯 APP，目標朝向繁體中文市場，把質感的字體帶給樂於分享生活美好的用戶。

打開「下筆｜質感繁中文編輯 APP」，用戶第一眼看見的是簡約又舒適的編輯介面，透過打字、複製和貼上簡單的三步驟，用戶便可在限時動態中，展現出各式風格的字體和色彩。目前下筆提供 iOS 使用者多達十四個字體家族，總共超過三十種字體樣式之變化，再搭配經典書寫色、日本傳統色和莫蘭迪色等文字背景顏色，人人皆可於限時動態上展現創意美感。

此外，訂閱細體、標準體、粗體三階段方案，即可享有去除浮水印、不受廣告限制，甚至自由調色、輕鬆建立專屬色彩風格等精彩功能。

圖：下筆團隊成員們散落在台灣各地，平時透過遠端連線進行工作，偶爾也會線下聚在一起討論

程式碼的轉捩點——燃燒中的創業資金

回顧創業歷程，李昱霆深刻體會到開創新事業的艱辛。「創業與金錢密不可分，產品必須有獲益能力，因為團隊需要生活，前兩個專案『數位名片生態系』和『資料收集工具』未如預期，持續燒錢，但我們未曾放棄，不斷尋找新點子。」李昱霆表示。最後，斯帕科技團隊開發出「下筆｜質感繁中文編輯 APP」，彷若天空中的一道曙光，照耀出創業路途上的轉捩點。

在上架未滿一個月，下筆 APP 開始受到許多網路 KOL 和知名公司的關注，他們無酬且真誠地推廣著，令李昱霆深表感激，而流暢舒服的使用體驗，及誠懇的與用戶對話，也為下筆 APP 留下了一批死忠粉絲。然而，擁有出色產品並不足以達成長遠經營，它必須擁有變現本能，微薄的廣告和贊助收入根本不足以支撐公司，李昱霆和團隊絞盡腦汁，思考究竟能以何種方式生存下來；隨著用戶數量大幅增加，下筆 APP 從贊助模式走向訂閱制，以實惠的方案價格提供用戶更多功能的選項，這才總算實踐了產品變現，公司開始步上軌道。

訪談尾聲，李昱霆也大方分享他的創業心得，強調了心理建設的重要性。「創業本質是高風險的，如果只看到美好的一面，忘了評估自身的抗風險能力，最終可能會讓人非常痛苦。而當初的我已經做好最壞的打算，即使資金燒光了，我仍用這一百萬，寫下自己喜歡的故事。所以做任何事情前，思考自己真正想要什麼，釐清自己的心態，才是最重要的，這是我的個人經驗。」

產品核心價值

斯帕科技股份有限公司所開發的「下筆｜質感繁中文編輯 APP」，是一款為字體創意而生的手機程式，用戶於簡約而細緻的介面之下，只需經由簡單三步驟，即可在限時動態中寫出質感繁體中文字，以文佐圖，為生活的每一篇章雕琢出翩翩詩意。

經營者語錄
別等到完美才敢開始。且戰且走，邊做邊修，是創業最踏實的道路。

給讀者的話
太多人覺得自己沒有選擇。事實上，聽從別人給你的選擇，也是你的選擇。人生是來體驗的，儘管去做真正想做的事，為自己做出選擇，為自己的選擇負責。

斯帕科技股份有限公司
公司地址：台南市東區裕農路 520 號 3 樓
官方網站：https://www.fonting.app/
Instagram：@fonting.app / @lifeofjerrylee

森怪獸托嬰中心
扭來扭去托嬰中心
臺南市私立

圖：憑藉堅定的使命與專業精神，扭來扭去與森怪獸獲得不少家長的正面口碑

小怪獸們，盡情探索世界吧！

　　沒有制式的教學流程與一體適用的標準教案，位於臺南的「扭來扭去托嬰中心」和「森怪獸托嬰中心」相信，每個孩子都有獨一無二的特質與內在潛力，就像種子種植在廣闊的大地中，只要為寶寶提供一個安全且優質的場域，讓他們自由探索與互動、給予養分與關愛，孩子便能夠茁壯成長，散發他們獨特的光芒。

奔跑、玩耍與體驗，玩出孩子的無限潛能

　　以充滿童趣「森怪獸」為名的托嬰中心，不僅讓人會心一笑，也聯想到寶寶撒嬌哭鬧時，令把拔麻媽心累累的「小怪獸」樣貌。「每個孩子都具備獨特的特質、情緒和樣貌，就像森林中各種想法獨特的小怪獸，因此在托嬰服務中，我們希望能與父母一起運用不同思維，陪伴孩子探索世界，而非無止境的填滿。」創辦人游明恩期待孩子能在廣闊大地中盡情奔跑，而非像是種植在精心打理的盆栽中，限制成長潛力與方向。扭來扭去和森怪獸為這些初來世界的「小怪獸」們，設計豐富有趣的體驗活動，促進孩子們的身體動作發展、語言運用、情緒辨識等，並提供正向的社交環境。

　　游明恩認為，0 到 2 歲的孩子需要專注於幼兒發展，而非「學會」知識，如何讓孩子在當下體驗生活、了解世界，才是至關重要。尤其是這階段的孩子可能無法完全用語言表達情緒，因此托育人員引導孩子用肢體語言表達情緒，將能幫助孩子形塑健康穩固的情感基石。除此之外，孩子約 1 歲時是發展肢體動作的重要階段，需要更多活動空間，讓他們奔跑、玩耍與發展，以促進身體的成長；因此老師也會設計有趣的體能活動或伸展動作，讓孩子在戶外空間奔跑和跳躍，大大放電。

臺南市私立 森怪獸 托嬰中心

圖：如同森林中的小怪獸開心地奔跑，森怪獸托嬰中心是不少孩子與父母溫暖的後盾

　　整體而言，當孩子年紀越小，作息時間就越需要靈活和個別化，以滿足每個孩子的獨特需求。因此在扭來扭去與森怪獸的托嬰服務中，儘管也有規律的作息時間表，讓嬰幼兒能預期接下來的活動，培養對世界的信任感，但從孩子的飲食、睡眠、活動層面而言，教保員仍以個別孩子的需求為主，為其安排合適活動。

　　幼教工作並非易事，只有真心喜愛孩子及具有幼教專業知識的老師才能堅持下去。真正讓老師們願意持續從事幼教工作，最重要的原因就是看見孩子在短時間內成長所帶來的成就感。「孩子從爬行到走路，甚至開始奔跑，並學會用你的名字呼喚你，甚至在某些時刻跑過來擁抱你，這些瞬間都是無法言喻的喜悅。」游明恩感性地說。

圖：寬敞的空間讓每個孩子來到托嬰中心都能放鬆、舒適的學習與探索

低師生比，專業化的教育與照護

　　儘管法律規定托嬰中心的師生比例為一比五，為了提供更高品質的照顧，扭來扭去與森怪獸都將師生比例降低至一比四，確保每個孩子都能獲得更為細緻的照顧與關愛。此外，較低的師生比例使托育人員能投入到每個孩子的成長歷程中，細心觀察他們的需求，提供更為個性化的引導和支持。

　　如何讓托育人員的專業知能與時俱進，游明恩也花了不少心思在其中。她認為，教保工作並非單純是老師陪伴一名孩子，還要面對孩子背後的父母與親屬；因此除了每個月的教保會議外，校外專業知識的研習與培訓也不可或缺，尤其是疾病管控的知識推陳出新，需要第一線教育者在工作之餘，持續深度學習，並將這些知識轉化為實際的照護技能。

　　除了托育人員應具備的專業知識外，游明恩也相當重視在教育場域中即時的反饋，「我們會在老師休息時或下班後，討論需要改進的地方，這樣的方式更即時且非常重要，能幫助老師在每次討論中，更了解陪伴孩子的思維與作法。」她表示。

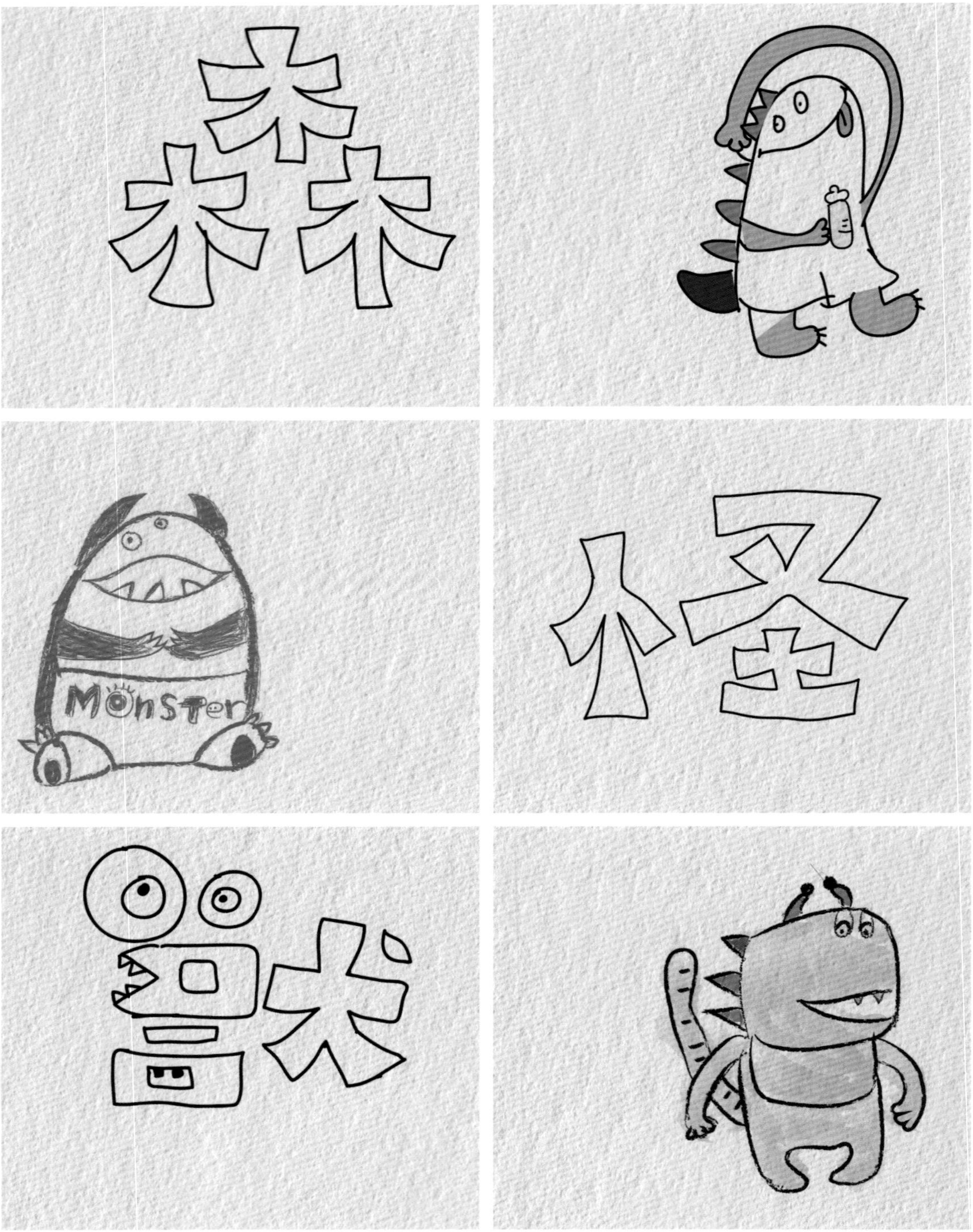

圖：每個孩子都具備獨特的特質、情緒和樣貌，就像森林中各種想法獨特的小怪獸

守護幼兒健康，度過疫情低潮

　　從 2018 年創立迄今，憑藉堅定的使命與專業精神，扭來扭去與森怪獸獲得不少家長的正面口碑。但是 2019 年到 2022 年，全球受到疫情的衝擊，許多行業都受到了嚴重打擊，扭來扭去與森怪獸也不例外，甚至有的托嬰中心最後選擇關閉。游明恩表示，儘管外在環境不佳，他們仍選擇繼續堅守崗位，確保孩子們在這段特殊時期依然得到最佳照顧。談到如何保護孩子們在疫情期間的健康，游明恩分享了一些經驗。她提到，在疫情之前中心就宣導「生病、發燒、腹瀉不入園」的觀念，加上疫情期間，員工和較為年長的孩子都遵守戴口罩和勤洗手的規定，所以孩子們的健康狀況相對穩定，甚至感冒或病毒的相關傳染反而是減少的。

　　教保工作承載著照顧孩子、啟蒙教育的重要使命，其重要性不容忽視。談到未來規劃時，游明恩表示，「我們希望能提升托育人員的薪酬待遇，促進這個產業能茁壯發展，吸引更多有志投身於這個行業的優秀老師。」托嬰和幼教工作是一個無法被人工智慧或非專業人士所取代的領域，扭來扭去與森怪獸期待能逐年提升托育人員的薪酬，並突破這個領域薪酬的天花板。「只有當老師感到快樂，孩子才能快樂，這是我們近年來不斷努力的目標。」游明恩說道。

圖：森怪獸托嬰中心致力創造一個充滿安全、溫馨和愛的環境，讓孩子能快樂的成長

品牌核心價值

"A child is not a vase to be filled, but a fire to be lit." — François Rabelais.

每個孩子擁有著獨一無二的特質、獨一無二的情緒、獨一無二的樣貌，在森怪獸中我們帶給孩子的不是無止盡的填滿，而是陪著爸爸媽媽們在這場無盡頭的育兒旅程。如同在森林遇見擁有獨特想法的小怪獸們，我們以不同思維的育兒方式，點亮孩子們成長的經驗。讓我們的孩子盡情奔放吧、讓我們的小怪獸恣意地展開探索之旅吧！

臺南市私立扭來扭去托嬰中心 / 臺南市私立森怪獸托嬰中心

中心地址：扭來扭去／臺南市安南區頂安街 486 號、森怪獸／臺南市安南區功安二街 25 號
聯絡電話：扭來扭去 06-256-7827、森怪獸 06-247-8815
Facebook：臺南市私立扭來扭去托嬰中心、臺南市私立森怪獸托嬰中心

L.N Fragrance

圖：L.N Fragrance 創立的四年間深受無數消費者的喜愛，也啟發了無數人對香氛的熱情

一場與大自然芳香的對話與相遇

香氛是生活中的無聲詩句，是感官和情感的交織，它不僅僅是一種香味，更是生活裡一種令人著迷的藝術；在每個迷人的時刻噴灑香水，或在溫馨的家中燃點蠟燭，香氛則化身為一位幸福的引領者，為每個人喚醒獨特的記憶，勾勒出專屬的故事，並帶領人們進入一個全新的異想世界。L.N Fragrance，秉持採用德國、法國進口植物天然精油，調配出聞起來會幸福的香水，並選用安全且無毒的天然大豆蠟，製作出孕婦、寶寶與毛小孩皆可安心購買使用的香氛蠟燭，並提供客製化伴手禮服務、調香講座授課及手作體驗教學。

以幸福香氛為疲乏生活帶來精采

甜美親切的笑語之間，L.N Fragrance 創辦人連恩神采奕奕地講述著她的追夢故事，在這之間有迷茫，有徬徨，也有成長，但始終不變的是連恩對於幸福的定義與嚮往。「讀書時期我熱衷於拍平面、做直播，但是收入頗不穩定，後來在因緣際會之下，接觸了博弈產業，但是每天做發牌這樣不斷重複的工作，我開始覺得跟這個世界脫節了。」連恩回憶。

由於對工作逐漸感到疲乏，所幸遇上了疫情，博弈工作不得不停擺，才讓她有機會思考和尋找生活的全新方向，並迎接另一種嶄新的精采。連恩解釋：「在過去，我非常喜歡香水的味道，甚至收集了上百瓶香水，又或者播放音樂、點燃香氛蠟燭，我就會感到非常的幸福，所以最初因為興趣而開始學做香水，做太多用不完便送給朋友們，結果他們開始鼓勵我販賣，甚至願意花費成本價跟我購買，我才開始思考疫情之後創立品牌的可能性。」

然而，創業路並不總是順遂的，對連恩而言亦是如此，這一路走來，她也曾因為持續的虧錢，而有過想要放棄的時候，但隨著面臨的理財及經營問題逐一被解決，她則建立起更堅穩的自信心，與品牌這個「孩子」一同成長蛻變。

圖：L.N Fragrance 產品多樣而具有質感，瓶身線條流暢，散發著和諧的氛圍，令人心曠神怡

圖：香水「像你的人」採用茶香、柑橘、海洋為前調，佛手柑、橙花、香根草為中調，檀香、麝香為後調，帶來溫暖又沉著的氣息

走入天然精萃的世界，用調香魔法與香氛共舞

　　認真的女孩連恩是擁有 MBHT 加拿大調香師證照、英國 UKPA 調香師證照的調香師，自創品牌 L.N Fragrance，堅持以德法進口植物天然精油為材料，調配出聞起來會幸福的香水，為生活帶來一絲芳香的撫慰；除了香水，香氛蠟燭也是連恩的精心傑作，特別選用安全且無毒的天然大豆蠟，即使環境中有孕婦、寶寶和毛小孩，也能夠安心地在家中點燃，隨著一陣陣迷人的飄香，為生活增添一份美好的驚喜。

　　「我很推薦香水『像你的人』和蠟燭『克羅埃女人』，此外，我們也推出擴香、精油皂和車香片，讓大家無時無刻都能與香氣共處。」連恩充滿成就感地說，她知曉透過自家的香氛產品，也一併將幸福的心情分享了出去。

　　未來，L.N Fragrance 將運用幸福的魔法，為更多客戶製作客製化伴手禮，將香氣化作送禮，心意也更加芬芳有趣。不過，熱愛與人交流的連恩，最嚮往的其實是授課和教學，因此未來 L.N Fragrance 將以此為主要重心，將香味的奧秘和美妙傳遞給更多熱愛香氛的朋友。

上排圖：蠟燭「克羅埃女人」自帶乾淨、清透的高冷氣息，在個性與柔軟之間取得平衡，前調為櫻花、矢車菊、鈴蘭，中調為天竺葵、白茶、銀合歡，後調為勞丹脂、安息香、海鹽

下排圖：聯名合作的天然純精油手作皂，添加米白1956年酒粕萃取精華液，無任何香精及石化原料，敏感性肌膚及異味性皮膚炎的人都可以使用，經過SGS檢驗合格證明

認識基礎調香

課程講師：連恩
MBHT加拿大調香師協會
UKPA英國調香協會

圖：課堂上，連恩以專業和親切兼具的態度，為學員講授調香知識和帶領體驗手作

連恩的創業三大心法：穩定、熱情、決心

創業四年後，L.N Fragrance 已深受無數消費者的喜愛，也啟發了無數人對香氛的熱情，在 L.N Fragrance 的視角中，創業不僅可以是商業上的成功，更可以成為一種改變他人生活的力量，這段創業歷程激勵人心，連恩也十分樂於將自己的創業心法一同分享。

她開朗地說：「我認為生活、資金和情緒都要穩定，自律才可為創業帶來優良的成果；還有，即使工作忙碌，也要多與人有社交接觸，不論是有意義或無意義的，每個人都可以成為自己創作的靈感與熱情；最後，必須說創業一定要有非做不可的決心，擁有勇於向前的心態才有成功的機會，但一定要能夠設立停損點，千萬不可不服氣和愛面子。」

連恩追尋夢想的過程如同一首美麗的詩，充滿著起伏的詞句，穿越著陰霾和風雨，在生命的節奏與光芒中，堅定地不斷前行，最終，她抵達了夢想的彼岸，鼓舞著我們，只有懷抱著希望和執行力，夢想終可成真。

品牌核心價值

L.N Fragrance，秉持採用德國、法國進口植物天然精油，調配出聞起來會幸福的香水，並選用安全且無毒的天然大豆蠟，製作出孕婦、寶寶與毛小孩皆可安心購買使用的香氛蠟燭，並提供客製化伴手禮服務、調香講座授課及手作體驗教學。

給讀者的話

回歸到創業這件事情，我覺得更多的是對夢想的堅持。如果一直瞻前顧後、躊躇不前，未來回顧過往的時候會惋惜自己當初不敢踏出第一步而感到懊惱，也希望能夠鼓勵在夢想上躊躇不前的讀者們，與其瞎猜想那些可能會發生的挫折，不如大膽的邁出那一步吧！這條路或許真的很辛苦或許很多波折，但也能夠看到很多不一樣的風景，堆疊更豐富的人生！我們一起加油吧！

經營者語錄

我會堅持做好每一個產品，帶著我的祝福與天然植物精油的能量，陪伴你們生活的每個片段，不管開心或傷心，每一刻都值得被珍藏。讓大家辛苦工作了一天回到家感到香氛帶來的溫暖。

L.N Fragrance

Facebook：l.n_fragrance

Instagram：@l.n_fragrance

南投山巒　　＋　　日月潭　　＋　　米　　＋　　咖哩　　＝　　初煦

不忘初心，做最真實的自己

「我從不回覆 Google 評論，除非涉及食安問題或惡意詆毀，若是抱怨口味不合意或者排隊排太久，那都是他家的事。」位於南投埔里這個純樸小鎮的「初煦咖哩」品牌主理人邱碩靖如是說。不少人都堅信創業如果想要成功，就必須要迎合市場、迎合顧客、迎合環境趨勢，必要時當個沒有感情的出餐機器人也無妨。從 2022 年開始，一年創立一個品牌、目前已有三個餐飲品牌的邱碩靖可不這麼認為，對他而言，在奉「顧客至上」為圭臬的餐飲服務業中，如何無畏地保有初心並活出真實的自己更為重要。

既然無法討好所有人，那就先討好自己吧！

談起創業理念，邱碩靖展現少見的大無畏精神，他清楚知道青菜蘿蔔各有所好，再厲害的餐廳、再美味的佳餚、再精美的裝潢，也無法做到每個人都喜歡。既然無法討好所有人，那麼創業最該討好的就是「自己」。

作為一名咖哩愛好者，創業前他便四處走訪台灣的咖哩名店，並一一記錄每種咖哩的特色，拆解其中隱藏的香料，分析不同品牌的優缺點。當他決定開一間專門販賣咖哩的餐廳時，便時刻叮囑自己，哪怕一開始沒賺錢，仍要將每一份料理做到極致，讓其成為不可取代的存在。

初煦咖哩，挑選了十六種辛香料，經過兩次炒香和十四天的熟成，確保香料既能保有本身的豐富香氣，又不那麼搶眼，賦予咖哩層次豐富且協調的風味。品牌主理人表示：「為了能做出我心中完美的咖哩，我嘗試非常多的方法，初煦咖哩的風格不像南洋咖哩那麼濃烈刺激，顧客剛入口感受到的的是既濃郁又溫和的日式風味，再慢慢咀嚼，底蘊中香料的迷人香氣會逐一襲捲而來。」

圖：溫馨雅緻的空間及美味的餐點，開幕僅一年多的初煦咖哩成為許多饕客的愛店

　　最初考慮餐廳地址時，他原本想選在台北，但由於希望就近陪伴生病的奶奶，最終選擇回到家鄉—南投作為創業的出發點，便是這個契機讓初煦咖哩的料理融入了更多在地風情。南投以其肥沃的土壤、清新的空氣和澄澈的水質聞名，因此主理人在設計菜單時，首選在地農產品，如：櫛瓜、茭白筍、百香果、火龍果、茶葉以及紫蘇梅等，作為配菜或飲料的食材，這讓不少外地遊客都對南投豐富的飲食文化感到驚喜。以魚池鄉最有名的紅玉台茶 18 號來說，邱碩靖挑選了數次獲得特等獎的茶葉，不計成本以友善的價格販售，「我們寧可將食材成本壓縮在店家身上，也要為顧客提供更佳的用餐體驗。透過讓利的方式，讓客人享用到優質的食材。」他說明。

打造不敗小店的關鍵：有溫度的服務

　　除了致力於提供美味餐點，邱碩靖認為，打造一間「不敗小店」的另一不可或缺要素，即是「有溫度的服務」。許多到訪過的顧客都注意到，初煦咖哩的員工在服務時特別細心，有時僅僅是客人的一個小動作、一個眼神，工作人員便會迅速前來提供服務，與顧客的交流也宛如老朋友，充滿濃厚的人情味。

　　埔里是遊客前往日月潭、清境農場及合歡山的必經之地，自 2022 年開業至今，除了收穫不少在地顧客的好評，初煦咖哩也是許多外地遊客經過南投時，必訪的店家之一。原本默默無名的小店，在不到一年的時間，就受到各地美食愛好者的熱烈推薦，週末假日時經常是一位難求。

　　初煦咖哩作為一間以南投埔里為出發點的品牌，座落於群山環抱的小鎮，享有得天獨厚的山林資源。主理人希望透過店內的作為，鼓勵更多人關注環保議題，提高大家的環保意識。小店內座位數並不多，時常客滿，若顧客趕時間不願久候，也可以選擇外帶餐點；即便環保包材較為昂貴，初煦仍提供可回收材質的外帶餐盒，倘若顧客自備餐盒，更提供 30 元的環保折扣。

圖：從視覺設計到各角落的物品擺設，都能看出店家的用心

圖：食物為人們帶來的情感連結，顧客享用美味餐點後顯露的滿足神情，總時時刻刻
提醒主理人「莫忘初心」

圖：初煦咖哩也推出文創產品，讓每個來到埔里的遊客都能帶走屬於這個小鎮的回憶

百分百的準備，為成功奠定基石

　　創業僅一年多，邱碩靖就以一年創立一個品牌的驚人速度拓展事業版圖。儘管身旁親友會提醒他放慢腳步，但各品牌皆做出有目共睹的好成績，也讓更多人看見他在餐飲上的天賦與努力。創業的路途中，他從不因別人的聲音而有所動搖，即使白手起家，僅憑著政府提供的青年創業貸款開店，他也從不畏懼失敗。

　　「當我決定投入創業市場時，就從未懷疑過自己會失敗，我始終堅信自己一定會成功。」主理人這份底氣十足的自信，不僅源自於他在餐飲業耕耘許多年頭，更源於他對「餐點品質」、「價格設定」和「餐廳環境」的全方位準備。「我在各方面都做足了準備，這就是我為什麼堅信自己一定能成功。」他形容這就像預備一場考試，只要準備充分並演練過無數次，心裡的焦慮不安就會減少許多。

　　近年來台灣人口過度集中於都市，城鄉發展失衡成為一大問題，因此政府也開始推動地方創生計畫，希望年輕人能返鄉工作或創業。對邱碩靖而言，返鄉創業的意義遠超過獲取利潤。2023年，他繼續留在埔里，創辦以義大利麵為主的餐飲品牌「鴿至義麵」，明年亦將推出另一品牌「鹿稌」，期待這兩個品牌能延續主理人對美食的熱情，也將更多獨特風味呈現給顧客。

　　愛他所做，做他所愛，儘管從事餐飲工作並不輕鬆，但食物為人們帶來的情感連結，以及顧客享用美味餐點後顯露的滿足神情，總時時刻刻提醒主理人「莫忘初心」，這也驅使他不停思考、創新，希望能為顧客帶來更多美味的料理體驗。從人才、技術、市場到資本，創業的成功絕非偶然或運氣，更需面面俱到。「如果既想成功，又想快樂，更重要的是如何在這旅程中活出真實的自己，展現你所真正在乎的事物。」沒有討好也沒有迎合，初煦咖哩以極致美味的料理，成為餐飲創業的一大典範。

給讀者的話
把一件事做到極致，做到不可替代，哪怕一開始沒賺錢。至少，這條路會走的踏實，而且會帶我們走得很遠。

品牌核心價值　　　　　　　　　　　　　　　　　　**經營者語錄**
善為本，本為人。反饋社會、投身公益、守護山林、友善海洋。　　　遇到問題，解決問題。

初煦咖哩／鴿至義麵／鹿稌果汁
店家地址：《初煦》南投縣埔里鎮信義 1065 號／《鴿至》南投縣埔里鎮中山路三段 52 號
聯絡電話：《初煦》04-9291-7490／《鴿至》04-9290-6866
Facebook：初煦咖哩 Truedish Curry／鴿至 Pigeon Pasta
Instagram：《初煦》@true.dish／《鴿至》@pigeon.pasta／《鹿稌》@route.juice

圖：銳利電競提供的不僅是產品本身，更是電腦與 3C 領域的專業顧問服務

打破與消費者的溝通藩籬，提供最佳體驗

隨著科技快速發展，電腦產業經歷前所未有的產品迭代，硬體性能大幅提升，各品牌技術也不斷推陳出新，商品選擇更加豐富；然而，海量的專業術語和繁複的電腦規格，往往令消費者不知所措，不知何種配置或規格最符合需求。位於台南東區，專注於電腦組裝和維修服務的「銳利電競」，提供的不僅是產品本身，更是電腦與 3C 領域的專業顧問服務，他們深入理解每位顧客的需求，打破電腦與消費者之間的藩籬，為每個顧客提供購買電腦的最佳體驗。

嘗試直播和 YouTube 頻道，積累影片製作經驗

對電腦和 3C 領域深度狂熱的「銳利電競」老闆，憑藉其 Geek 精神和親和力，從學生時代就在心底種下創業的夢想，堅信將來一定會創業。但究竟是多久的將來呢？ 20 歲那年，不等大學畢業，他便與朋友共同成立一間家庭式的電腦工作室，從而開啟創業之路。

儘管當時創業規模不大，但他很快就發現，自己的收入已漸漸超過上班族的月薪，也令他更堅定電腦相關服務是一個能長期經營的賽道。作為一名不折不扣的「數位原住民」，創業前他就開始嘗試透過直播和 YouTube 頻道與同好們交流。銳利老闆說：「當我開始做 YouTube 時，確實遇到一些嘲笑和懷疑。有人會笑我訂閱量太少，或認為我只是在浪費時間，做不出實際成績。但這些並沒有動搖我的決心，我知道我在做什麼，我也相信我所做的。」

儘管最初的直播和 YouTube 嘗試並未如預期般帶來顯著的關注，但到了 2022 年，這些經驗為他贏得新的機遇。正當短影音在網絡世界快速崛起時，銳利老闆憑藉過往的積累，成功把握這股風潮。他創作的短影音有趣且吸睛，從而打開銳利電競的品牌知名度，甚至有觀眾直接拿著他的作品去門市，詢問能否直接購買影片中的電腦。

圖：大學時期便嘗試創業的銳利老闆，最初以家庭工作室的方式服務有組裝電腦需求的顧客

圖：有趣且吸睛的短影片成功拉近與顧客的距離，銳利電競的知名度因而大幅提升

展現行銷敏銳度，站穩短影音風口

　　由於短影音助力品牌行銷，獲得千萬播放量，銳利電競因而成功變現數百萬的收益；然而，將這一成功僅歸因於短影音內容本身，似乎並不盡然。

　　銳利老闆對行銷趨勢的敏感洞察和靈活應對，才是將品牌推向成功的重要關鍵。「我發現臉書廣告的成本越來越高，但成效卻差強人意，我意識到不能再把所有行銷資源都放在一個籃子裡。」他迅速投入了解新型態的行銷方式，藉由學習線上與線下課程，來適應不斷變化的市場和消費者喜好。銳利電競的成功引起不少同業的關注，許多人渴望複製他的成功模式，大型企業甚至邀請他擔任顧問，指導員工制作短影音內容。

　　截至 2023 年末，儘管短影音仍舊火熱，在平台上卻還未出現第二個如同銳利電競，那樣獨具風格且接地氣的內容。

圖：2023 年銳利電競重金裝潢新店面

優質售後服務與極低返修率，打造良好聲譽

最初創業時由於業務規模不大，資金也不寬裕，因此銳利老闆一人當多人用，他包辦工程師、業務、小編、美編、門市人員等所有工作。但一個品牌要有足夠底氣走的長遠，身兼多職並非長久之計。

今年 10 月銳利電競擴編團隊，並邀請經驗豐富的 YouTube 頻道營運專家加入擔任企劃。銳利老闆表示：「同樣的時間，我願意投資在學習新事物上，或做更重要的事，我認為一個創業者要學會取捨，並信賴他人的專業，這樣才能發揮最大效益。」此外，銳利老闆在商業上的膽識，也是品牌贏得市場先機的另一原因。他在計算風險與收益時，懂得如何在機遇與挑戰間找到平衡點，「只要勝算超過六成，我就會放手去做。」銳利老闆堅定地說。

除了精準的行銷策略，銳利電競的優質售後服務也是其在激烈競爭市場中脫穎而出的原因之一。銳利老闆指出，不少消費者在實體連鎖商店購買電腦後，若電腦發生問題，常常無法獲得良好的解決方案，「我們擁有更好的售後和線上諮詢服務，能讓顧客直接提出問題，輕鬆解決電腦任何的疑難雜症。」再者，銳利電競的便捷宅配服務也讓購買和維修變得更加方便快捷。

在電腦組裝方面，銳利電競展現出超乎尋常的職人精神。與其他連鎖店家相比，他們更注重精緻組裝和整線處理，大幅降低由於組裝不當造成的問題；此外，每台電腦在出貨前都會經過嚴格的性能檢測，確保消費者收到的產品都是最佳狀態。不僅服務電競玩家、學生及上班族，由於良好的服務品質和極低返修率，不少企業也成為銳利電競的忠誠顧客。

儘管銳利電競在電腦產業受到不少關注，每個月營業額也穩定成長，但如果你問，創業這條路辛苦嗎？銳利老闆不諱言地說：「是的，非常累。剛創業時還要面對家人的不理解、同儕的嘲笑，也時常懷疑自己真的是對的嗎？」雖充滿許多未知的挑戰及令人走心的時刻，但創業獲得的成就感卻也難以比擬。「創業實在是很少人能有的體驗，既辛苦卻也甜美呀！」他說。展望未來，銳利電競計劃擴展業務至北部和中部，開設新的門市，憑藉職人精神服務更多喜愛他們的朋友。

圖：簡約溫潤的室內空間，期待給消費者更舒心的消費體驗

品牌核心價值

只給客人最好的產品，就是銳利電競的堅持。不削價競爭，以良好的服務品質和極低返修率，擄獲消費者的心。即使不懂電腦規格也無妨，交給我們，銳利電競為您的電腦全權負責。

給讀者的話

做就對了。

經營者語錄

想創業、想減肥、想學跳舞，每件事從想到的當天，就應該開始執行，想做什麼就做，而且「就從今天開始吧！」

銳利電競

公司地址：台南市東區裕農路 389 巷 1 弄 3 號
聯絡電話：06-2080-426
Facebook：銳利電競 RayZ1 Gaming 客製化電腦首選
Instagram：@rayz1_gaming
官方網站：rayz1gaming.com
產品服務：電腦組裝與維修、筆電、周邊產品、硬體及各式 3C 相關商品

宜鴻美語顧問

圖：宜鴻美語顧問－辦公室設計巧思，引領學生從黑暗中窺探光明

英語力 x 硬實力，提升你的職場競爭力

　　「講一口流利的英文」和「學英文到底有什麼用」是很多人追求及疑惑的。無論在學術領域、工作升遷，或是結交外國朋友，流利的英文都是一項有力的資產。然而，多數人往往見樹不見林，以為只要上課，就能學好英文，也就能完成心中的夢想。經濟學家大前研一曾指出：專業是未來的生存之道。英文固然是不可或缺的工具，但如何運用英文開創一片天地，彰顯個人能力，才是邁向成功的真正關鍵；而這也是「宜鴻美語顧問」創辦人 Linda（王怡人）所擅長的。她不僅在英文教學和翻譯領域具有卓越實力，更注重培養學生實際應用能力，確保他們能發揮所學，從而創造更大的價值。

美語顧問：超越語言的專業引領

　　努力為學生打造一個更具效率、實用的學習方式，並實現心中的夢想，是 Linda 創業的初衷。過去她曾在知名補習班授課，發現無論是大班升學考試或小班教學，都存在著上課內容與學生真實程度不相符的問題；亦或是補習班業者忽略學生真實需求，反而宣稱隨著時間推移，英文程度自然會有所提升，給予學生不切實際的期望。當時的她覺得有點良心不安，面對不同的學生，都教一樣的東西，還硬要跟他們說只要繼續上下去，就會進步。正因如此，她開始改變教法，真正站在學生的立場，協助讓他們變得更好。

　　曾經有一位學生，深陷情感與家庭的泥沼，在低潮之際問了一句：「該怎麼辦？」Linda 跟他說：「出國看看吧！世界比你想像中的大。」於是這位學生痛定思痛，遵循她的建議與規劃，

圖：學習的效率與心情好壞成正比。宜鴻美語除了提供客製化學習方式，更有舒適的學習環境，如同在咖啡廳學習一般優雅

順利在托福證照考試中取得佳績，也進入理想的國外學校就讀，至此徹底改變了人生。作為學習者的後盾以及引導者，她為來自不同領域的學生，提供一個融合職場技能和英語能力的寶貴平台。許多學生在 Linda 的指導下，面試成功，獲得心儀工作；錄取國外學校，前往海外攻讀學位；甚至外派他國，協助公司成功拓展海外市場。

「只有提升自己，才能讓人看得起。」Linda 為了幫助更多的學生、以及改變現有教學的堅持下，因而成立了「宜鴻美語顧問」。

圖：宜鴻美語如同小型圖書館，具備海量的語言相關專業參考資料以及跨領域專業資料書籍

以學生為中心的客製化教學內容

「解決學生的困難」是宜鴻的成立宗旨。根據專業客觀的判斷，依照不同客戶的「專業能力」、「過往學經歷」、「個人特質」等因素，從而規劃出屬於每位客戶的課程規劃表。大多客戶其實不太知道自己的真實程度，對宜鴻的規劃內容有所質疑。這時 Linda 會以真實的「案例分析」（感性），並剖析現在的「時事脈絡」（理性），總結利弊得失，讓客戶相信宜鴻的專業規劃。

她以一個案例說明：「曾有位學生在思考要升遷或轉職，想著要考多益。我幫他規劃以『聽、說』為主要課程，加入語音學、口譯技巧的專業知識；『讀、寫』部分以語言學之中英文句構分析、批判性思考邏輯方式為輔。」學生表示：「老師，你教的這些內容，跟我之前補習班或學校老師都不一樣。他們都叫我多背單字、聽 CNN 或 BBC、狂刷題本，你這邊教的成果要何時才能反映在我的成績上？」Linda 便進一步解釋：「如果不了解怎麼背單字，就算一天背100個，隔天就忘了；聽 CNN 或 BBC 就是有聽沒有懂，聽不懂的不會因為你多聽幾次就懂；刷題本是在練速度，你錯的下次寫還是會錯，多寫多錯，沒什麼用。」很多學生會執著用過往自身的學習方式，套用在英文上。就像一杯水已滿，裝不下任何新事物，怎麼學都學不好。

在過去台灣經濟起飛的年代，專業技能是求職的金鑰匙，但隨著科技進步和新冠肺炎的影響，一技之長已不再足夠。在這樣的時代背景下，英文不僅僅是一門語言，而是打開全球機會的通行證。如何「運用英文」開闢新機會，並將其轉化為經濟效益，更成為當前的焦點。

宜鴻美語顧問有兩大特色商品：專業的「顧問諮詢」與「中英文面試」服務。目前市場顯少有這獨特類型的服務商品。這需要老師有堅強的專業能力作為後盾，以及多年實際經驗，才能提供如此專業的服務。

為了與學生間取得雙贏（win-win situation）局面，就要有效率地理解客戶需求，並成功幫客戶達到目標。首先，Linda 會先讓客戶了解「自己每天有多少時間可以學英文」，這是最重要的，也是很多人

圖：宜鴻美語文法書籍是業界唯一使用中英文句構分析的英文文法書，並通過台灣經濟科技發展研究院著作權暨智慧權登記

忽略的。她認為，如果學生想學某件事，但都沒有時間去學，那就叫做「幻想」，連「夢想」都談不上呢！接下來，學生必須要「正視自己的英文程度」，只要花十五分鐘與 Linda 聊聊，她便能了解你目前的英文程度，並專業地分析、給予未來學習路線。

根據學生目前每天可以學英文的時間和現有英文程度，幫學生「規劃專屬的學習計畫」，這也是「顧問」最專業的部分：每日學習內容、使用哪些教材、上課的短中長程計畫、每次上課的進度調整等。量身打造出客製化的學習計畫，以便達到學生們想要的求學、工作或人生目標。

僅僅擁有英文聽、說、讀、寫四大層面的能力，對於當今人們而言，已不再足夠。Linda 希望未來能幫助更多學生，在當前變化莫測的世界中，保持競爭力，並在世界任一角落發光發熱。

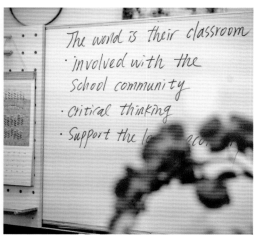

圖：美語的學習是基礎，而學生對未來的迷茫，則需要更多時間傾聽與提供專業的顧問建議，引導學生與家長共同達到理想目標

圖：在浩瀚的英文學習路上，宜鴻創辦人 Linda 集結十五年教學經驗，撰寫出文法聖典一書，活潑易懂有質感，與工作室形象互相呼應

圖：宜鴻美語顧問希望能幫助更多學生，在當前變化莫測的世界中保持競爭力，並在世界任一角落發光發熱

品牌核心價值

宜鴻希望每位學生可以不依靠老師，自己努力地活下去！從 teacher-centered（以老師為中心）轉成 student-centered learning（以學生為中心）。師父領進門，修行在個人。老師不可能陪你一輩子，唯有你自己，才是可以依靠的對象。

給讀者的話

外語學習者要做的，便是利用其「語言長才」，吸取各國好的部分，複製貼上到自己內在；反思各國不好的部分，圈選按右鍵刪除，讓自己變成內外兼具的智者。

經營者語錄

聰明（smart）的人，不一定有智慧（wisdom）；但有智慧的人，一定是個聰明人。

宜鴻美語顧問

公司地址：台中市西區民權路 185 號 12-9
聯絡電話：04-2222-1829
Facebook：宜鴻美語顧問 Yi Hong Consultant
官方網站：yihongcons.com

產品服務：美語顧問、美語教學、美語或英文翻譯、美語或英文面試、華語文教學、英文取名套組

圖：褪下外在的框架，回到內心最舒適的模樣，找回自己從容的平衡——Maud

反思：在更好更完美的背後

在現代都市中，從社群媒體到街頭招牌，無處不在的廣告一再地告訴我們：「必須追求更好、更完美的人生」；然而，這股氛圍不禁讓人們陷入一場無止境的競爭，也因此逐漸淡忘內在的聲音。服飾品牌 Maud 創辦人 Zora 過去也曾深陷其中，但當新冠肺炎疫情爆發時，她得以暫停忙碌的步調，重新探索自己生命樣貌時，這場反思不僅令她重新認識自己，也為 Maud 指引了一條更有深度和意義的道路。

返璞歸真，結合身心靈的「覺知時尚」

新冠肺炎對全球各行各業皆造成沉重的打擊，但對 Zora 來說，這場全球性的危機反而成了她內心再造的契機。在這特殊的時期，她得以放慢生活節奏，暫緩多年忙碌的服飾工作，重新探索自己。她深有感觸地說：「雖然我曾完成諸多渴望的目標，但內心從未真正地感到滿足和快樂，這讓我開始尋求身心靈平衡的可能性，希望更深入地了解自己。」

從小，Zora 就對服裝充滿熱情，當她決定創立 Maud 時，她的初心是希望每一位女性都能透過服裝，展現自己的魅力和自信。憑藉自己對服飾產業的敏銳度和獨特的審美眼光，Maud 很快受到消費者的喜愛；然而，即使事業上達成一次又一次的目標，Zora 並未因此感到真正的滿足。這促使她反思：「從學生時代追求好成績，到社會上追求業績、甚至外貌的完美，這一切究竟帶來了什麼？」不斷抽絲撥繭，正視這些過去未曾思考的問題時，Zora 這才發現，原來生命真正的價值不在於外在的成就和形象，而是來自內心的平靜和自我認識。當她的視角從外轉向內時，過去熱愛的服飾產業也產生某種意義上的質變，服裝不再只是具有讓人表現美好外型的功能，更承載著一種聯繫內在與外在的使命。

對於生命的新發現，Maud 的選品哲學也隨之轉變，Zora 邀請每個女性由「心」出發，不再盲從外在眼光與潮流，將焦點轉向自己，返璞歸真傾聽「心」的聲音，經由更有意識的抉擇，從中尋找真正合適與舒心的方式來善待自己。

圖：由心出發，不隨波逐流，透過有意識地選購服飾來善待自己是 Maud 重要的核心理念

圖：每件選品承載著 Maud 品牌初心，讓每位 Maud 都能活出獨特、自信的生活，一起綻放光芒

愛自己的秘訣：從日常服裝開始

「人為什麼穿衣服？」似乎是個微不足道的問題，但若問：「人與衣服的關係究竟是什麼？」這個問題便成為具有哲學意涵的探討。Zora 認為，由於社群媒體的風氣，人們在外時更願意打扮，在家時就較為隨性，因此人們購買衣服背後的動機，有很大一部分是希望獲得關注。

過去 Zora 也相當喜愛透過穿搭，展現自己美好的樣貌，但隨著更深入探索自己，她漸漸打破用服裝「證明」自己的思維，轉而將服飾作為媒介，作為在日常生活中疼愛自己的方式。她說：「由內而外愛自己，能從生活中相當微小的地方實踐起，穿著就是其中一種方式，即使在家，透過打扮，看到鏡中的自己顯得光彩，也是一種愛自己的方式。」

透過服飾，Maud 希望能與消費者分享「愛自己」的理念，同時讓更多人知道，女性多樣之美皆值得被看見。Zora 分析，台灣女性服飾市場中，多數服飾都較為氣質或溫柔，符合大眾對女性的刻板印象，但其實不少女性同時擁有堅韌與柔美的特質。「因此，Maud 希望能為擁有看似衝突特質的女性，透過服飾，找到舒適的平衡。」她表示，「女性亦柔亦剛的特質，無需被侷限，無論是溫柔、率性、俐落、俏皮，每個模樣都美得獨一無二。」這亦是 Maud 重要的品牌宣言。比起其他的服飾品牌，Maud 擁有更多元的風格，每種風格都歡迎女性從中自由搭配，尋找自己最美也最舒服的模樣。

在瞬息萬變、競爭日趨激烈的電商市場中，Maud 選品不過度追求華麗，也不刻意強調精緻，獨特的「鬆弛感」幫助消費者毫不費力展現個人特質，因此深受不少從事服裝設計、髮型設計及攝影、藝術相關工作女性的喜愛。Zora 說：「我想這是因為這類型客群尋找的不只是服裝，更是一種能展現自我、不受既有框架束縛的生活方式吧！」

圖：女性亦柔亦剛的特質在 Maud 選品上展現無遺

圖：在創業的過程中，Zora 深度地探索自我，也為品牌注入「心」能量

用服飾探索更有意義的生命體驗

對於大多數人來說，創業可能是追求財富、名氣或是獨立的象徵。但對 Zora 而言，她的創業之路更像是一場靈魂的深度探索。在經營 Maud 的過程中，她深刻感受到「愛自己」不只是一句口號，而是真正的自我認識和傾聽，讓她能夠在與他人互動時找到平衡，不必盲目地尋求完美。這種自我接納和自愛的意識，讓 Zora 感受到內在源源不絕的能量，不僅使她能創造更多的價值，還能幫助她與周遭的人事物建立和諧的關係；因此，Zora 渴望讓大家體認到「愛自己」的力量，並將此實踐於生活之中。

隨著 Maud 迎來第四年，她決定拓展品牌的服務範疇，從服飾轉向身心靈領域，並計畫透過短影片的形式，分享各行各業女性在身心靈探索上的經歷，以及她們保持身心平衡的秘訣。「過去我曾經歷一段相當不容易的時期，這讓我更深刻體會到愛自己的重要性，因此，我也希望能將這個理念傳遞出去，讓大家能對生命有不同的體會。」儘管當前的服裝市場仍受到女性刻板印象的影響，以及社會追求「更完美形象」的壓力，Zora 始終跟隨內心聲音，從心賦予 Maud 存在的意義，為品牌創造獨特的光芒。在這個快速消費的時代，她深知，真正的價值並非來自於符合完美的想像，而是為每個生命創造更具意義的連結。

給讀者的話

心裡有夢就勇敢實踐，千萬別輕易放棄，請繼續帶著生命的韌性勇敢地為自己活一次，相信堅持下去就會看見自己的無限可能，回過頭你會謝謝當時的堅持不懈，為自己帶來最棒的禮物。

經營者語錄

「永不設限探索生命的無限可能。」生命是不斷在探索、嘗試、突破的過程，而我們也不斷從突破中認識更多新的可能性，並學著接納自己，再由接納中學會自愛，最後在自愛裡活出生命的無限可能。永遠別設限自己能做到多少事，只要相信，就會看見無限裡帶來的收穫。

品牌核心價值

傳遞從「心」出發認識自己、無條件愛自己的理念，一起活出從容優雅的生活態度，綻放獨特內外兼具的美麗人生。面對生活柔韌如水；面對自己溫暖如光。Glow in Full Bloom, Flow with Elegance.

Maud

Facebook：Maud

Instagram：maud_tw

官方網站：maud.com.tw

圖：台北全真一對一補習班希望打破過往團班教學的方式，採一對一或一對三的類家教上課模式，因材施教的提供相應教材和教學方法，幫助學生取得更好的成就

適才適性，一對一精緻教學

不少學子為了提升成績，下課後參加補習教育儼然已成常態；然而，台灣多數補習班多半採用團體上課模式及統一教材，難以針對學生個別需求進行講解、攻破學習盲區，反而讓學生失去對學習的信心。擁有多年豐富教學經驗的教師鄭昇，2009 年創辦「台北全真一對一補習班」，他深信教育的關鍵在於了解每位學生的獨特之處，並據其需求提供適性適才引導，才能使孩子在學習過程中獲得成就感。

不再自我放逐，點燃學生學習熱情

創業前，鄭昇的教學足跡遍佈全台，儘管教學風格深受學生喜愛，多年來也幫助不少學生取得佳績，但他也看到有些學生因為跟不上補習班教學進度，而自我放逐、不再認真學習。這讓鄭昇備感痛心，為此，他開始思考如何更有效地幫助這些孩子，讓他們重燃學習熱情。

鄭昇說道：「創辦台北全真一對一補習班，就是希望打破過往團班教學的方式，改採一對一或一對三的類家教上課模式，針對每一位孩子的特質，提供相應的教材和教學方法，幫助他們取得更好的成就。」這種方式讓教師有更多時間了解學生學習時的盲區，幫助他們一一攻破困難，學生也能得到更細緻和全面的引導，培養屬於自己的學習節奏和模式，更穩健且有信心地迎接各個挑戰，為未來打下堅實基礎。

鄭昇進一步指出，多數補習班都是一口氣教完課程進度，忽略學生是否真正理解，有時學生在課堂上以為自己已經學會了，但回家做題目時，才發現一知半解，又無人能詢問。因此，台北全真一對一補習班的教學策略中，特別強調即時的反饋和練習，確保學生在每個階段都能夠紮實地掌握知識。為了能讓孩子事半功倍地學習，台北全真一對一補習班為每個孩子量身定制學習進

度和策略，並且鼓勵孩子學習一小段落時，就立即練習解題，確保完全理解後再繼續往下學習，以此為各個科目打下深厚基底。

　　過去，曾有一名就讀社區型高中的高一學生來到台北全真一對一補習班尋求協助。當時，這位學生的學習表現並不特別出眾，甚至連國中程度的數學題目都經常出錯，經過幾次教學後，鄭昇發現這名學生在數學的理解上並沒有問題，問題出在計算過程；為了幫助學生找出解題上的盲點，鄭昇鼓勵他寫下每一步解題過程，經過數月反覆練習後，學生的數學成績取得顯著進步。鄭昇強調，如果老師只是單純告訴學生如何解題，學生可能會盲目接受因而失去培養自己「中心思想」的機會，也無法找出計算過程中容易出錯之處。原本這名學生的數學成績一直在及格邊緣，但很快地，到了高一下學期的期末考，他的數學成績躍升為全班第一名，取得令人矚目的成就。

圖：專業且熱情的教師團隊為學生提供個性化學習計畫，讓學生不再視學習為畏途

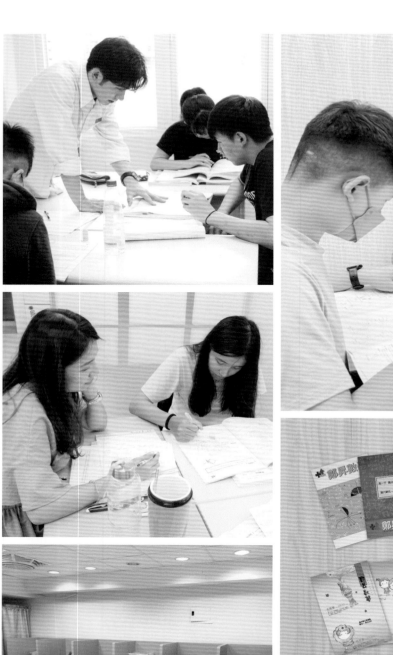

圖：台北全真一對一補習班的學習環境既舒適且具啟發性，有助於提高學生的學習效率和動力

圖：結合咖啡館的營運，營造輕鬆愉快的氛圍，使孩子能在更放鬆的狀態下學習

精心打造符應程度和大考趨勢的最佳教材

　　將大量知識以系統性的方式教導學生，多數補習班採用的填鴨式教學，確實幫助不少學生取得好成績，但這種忽略學生個別需求和理解能力的方式，常常也讓部分學生無法真正理解和運用所學，而對學習愈加畏懼。

　　鄭昇相信，沒有教不會的學生，只有用錯的方法，即使學生初期看似落後，但只要幫助他們獲得正確的學習訣竅，成績一定也會突飛猛進。他強調，在團體的課堂中，教師很難因為單一學生的問題，暫緩整個課程進度，然而在台北全真一對一補習班，絕對沒有一位學生會被忽略或放棄。「透過循序漸進的教學方式，幫助學生建立信心，一但有了信心，就會逐漸發現學習的樂趣，成績自然也就會進步了。」鄭昇說明。

除了教學策略適才適性，台北全真一對一補習班也投入大量心力自編教材，這種做法避免通用教材過於艱深或不合需求，能更符應每位學生的學習弱點和程度；同時，自編教材具有極大彈性，教師能根據教學進度和學生的理解情況，隨時調整，確保學生以最省時省力的方式學習。最重要的是，近幾年來大型考試經常結合傳統學科知識、社會時事、跨域知識等等，自編教材能確保學生跟上最新的學習趨勢和時事考題。補習班亦會根據學生的不同程度提供相應難度的試卷，讓學生猶如打電玩，不斷升級裝備，取得事半功倍的效果。

在多年教學歷程中，儘管生活忙碌，鄭昇仍保持百分之百的教學熱情，從未感到一絲倦怠。他深信這源於教學工作所附帶的社會責任感，而非以盈利為目標，讓他願意投注更多心力於教學，期待陪伴每個孩子走出屬於自己的康莊大道。鄭昇說：「教師在每個孩子的人生旅途中扮演極為重要的角色，想到這些孩子因為你或者你說的一句話，而改變了他們的人生；亦或看到學生在學習中變得更加自信、充滿成就感，這讓我感到非常開心。」

目前，台北全真一對一補習班在雙北地區和桃園共開設了十五間補習班，同時也跨足營運八間咖啡廳。當被問及為什麼會想要開設咖啡廳時，他笑著說：「有些學生並不喜歡在傳統的學習環境中學習，他們更喜歡到咖啡廳裡閱讀和寫作業。因此，我們在不同地點開設咖啡廳，為那些想要在輕鬆氛圍中學習的學生，提供一個舒適的學習場域。」

台北全真一對一補習班一直致力於提供最優質、最適合的學習資源和學習環境。除了一對一的高品質教學外，還成立出版社，並計劃在明年重啟遊學團活動，讓學生能以潛移默化的方式學習英語，同時也讓孩子們透過接觸不同國家的文化，看見自己未來無窮的可能性。

台北全真一對一
補習班

昇。咖啡

東昕隆生技
有限公司

圖：週二食記透過好食好玩，讓顧客的味蕾能得到最純粹的滿足感

創業，從挫敗中學習

　　在短短半年內，保養品銷售成績迅速攀升至六百萬，但僅在數月後便遭遇劇烈逆轉，累積數千萬的債務。現年 40 多歲，東昕隆生技有限公司創辦人顏羽旻，回首這段 20 多歲時的創業歷程，如今已能用平和且明晰的視角，重新檢視那段煎熬的歲月及從中獲得的深刻教訓。

跳脫框架，發現保養品的藍海市場

　　2005 年顏羽旻甫出社會，任職於一間保養品公司，有感於薪水只有兩萬六，對於一個在外租屋、還需要添購衣裝的社會新鮮人而言，扣除生活開支，想要有大筆儲蓄可謂癡人說夢。上班之餘，她憑藉自身對保養品的熱愛，決定向工廠批發面膜，自行設計 Logo，銷售給已有店面或攤位的店家，開始實驗性質的小型創業。儘管甫創業，手頭上的資金並不多、能做的也有限，但很快地每月收入已趨近於上班族的月薪；儘管從未有創業經驗，初生之犢不畏虎的她，就將創業提升到另一個維度，她正式創立保養品品牌「OXI CARE」，其產品以醫療級芳療植物油與精油為主要特色。

　　一個默默無聞的保養品品牌，如何在眾多擁有豐富資源和影響力的大品牌中脫穎而出呢？她先於工作之餘考取德國芳療師、日本靈療師的證照並學習正統芳療該有的基礎技術，再藉由了解正統中跳脫傳統束縛；產品開發上以傳統 SPA 理療為標準、使用簡便且拋開瓶瓶罐罐為訴求，打造一個適合忙碌上班族、沒有多餘時間保養的系列產品。

　　水瓶座的顏羽旻評估自身弱勢，如資金、人脈和年紀，因此她跳脫框架思考，不正面迎戰市場，不挨家挨戶地向 SPA 館、連鎖美容業推銷，反而將商品販售給上晚班的女孩，以夜市店家老

閣、娛樂場所的女孩們作為品牌拓展的第一戰場。這些女孩們多半在夜晚工作，需要長時間擁有完美妝容，護膚對她們而言是職場上不可或缺的基本準備。OXI CARE 全系列使用天然植萃、原料皆取得國際有機認證，迅速讓使用者發現純植精煉對肌膚保養的益處，進而在短時間內累積一群品牌的忠實愛好者。

因此，成立公司短短一年多裡，OXI CARE 的營運績效蒸蒸日上。對當時 20 出頭歲的顏羽旻而言，創業過程順風順水，絲毫沒有人們所說的那樣困難。

圖：OXI CARE 不僅在台灣販售，甚至也銷售到中國大陸，獲得許多消費者關注

潛伏危機，未能覺察的企業管理隱憂

多數時間顏羽旻都在外拓展業務、找尋顧客，因此決定招募團隊來替自己打理後勤支援，但勤勤懇懇、毫無顧慮的她，很快地迎來人生中第一個重大挫敗。她說：「當時太快賺到錢，眼睛也看不到危機在哪裡，所以當我應聘員工後，好長一段時間都沒發現，他們並沒有做好該做的事。」

當時 OXI CARE 簽下一個電視購物頻道的合約，合約保障每個月都有固定的出貨量，但若無法準時交貨，也將面臨高額違約金。簽下大筆訂單，本應開心慶祝，但此時她才發現，自己因忽略追蹤訂單及謹慎核實財務報表，最終未能發現公司會計開出空頭支票，使得公司不僅要支付原料廠商款項，還要負擔高達近千萬的違約金。就像是骨牌效應般，一個致命的疏失，讓當時年僅25 歲的她，瞬間背負三千多萬的巨額債務。

自省自問，一一盤點過往經歷與優缺點

事業受到重大打擊的跌落以及員工的重大背叛，當時的男友也因她的巨額負債而提出分手，多重打擊讓她相當痛苦。在最低谷的時候，原本凡不支持的家人卻成了她最好的精神支柱，當時患有重病的父親並未因此責怪她，反而鼓勵她勇敢地站起來。這樣的支持和理解讓顏羽旻感動萬分，而母親也建議她盡快找份穩定工作，還清債務，然而，她自忖：「以一個上班族普通的薪水，如何償還數千萬的巨額負債呢？」

人生的路要怎麼走才能真正迎來光明？為了應付龐大的債務，她決定先聽從母親的建議，白天在外商公司工作，讓薪資收入能溫飽自己的三餐。此外，非常支持顏羽旻的朋友毫不猶豫地給了她十萬元，希望她從哪裡跌倒，就從哪裡再站起來。

圖：報章雜誌報導推薦 OXI CARE 保養品

圖：顏羽旻與團隊在首爾參展，拓展品牌知名度和業務

　　有了一筆資金，顏羽旻在上班之餘繼續保養品的銷售，一邊工作、一邊還債，雖然離還清債務仍有一大段距離，但她堅信努力總有一天會被看見，沒想到這個小小的信念，真的迎來一位貴人。一位親戚決定幫她一把，引薦她參與一個土地開發案，讓她因努力承作該案獲得一筆為數不小的佣金，進而還清大部分的債務。接下來的八年裡，即使仍須沒日沒夜地工作，但至少到了 32 歲，總算雲開見日，看到一絲絲曙光：龐大的債務已剩不多。

　　回憶起這段咬著牙，一步一步將債務還清的努力過程，顏羽旻坦言，一開始她也曾想要放棄，從世界「登出」。當她手中握著刀子許久，卻遲遲無法畫下第一刀時，她自問自答：「我很怕痛，我不敢自殺，這代表什麼？這代表我還不夠痛。」這段自我對話讓她重新思考，與其不停抱怨世界對自己的不公平，不如換個角度思考自省：「我真的從中學到教訓了嗎？」顏羽旻想起自己的人生，一路走來求學順利，職場表現也備受讚賞，最初創業時更是毫無困難，這一切成就讓她自認聰明無比，固執地相信還有什麼事情是她無法掌握的？有什麼事情可以難得倒她？

　　然而，正因為這場滾雪球般的負債，她才認清自己對企業管理、財報會計以及員工管理完全沒有頭緒與適當方針，殊不知任何一套企業營運都有適合其體質的規劃與計畫，因為這樣的疏失導致自己栽了一個大跟斗。逐漸冷靜後，她為自己進行 SWOT 分析，一一盤點現階段的優勢、劣勢、機會與威脅，重新檢視自己的不足與需要改進的地方，為自己的人生定義一個新的數學式，並下定決心：「只要還有一口氣，我就有機會還清負債，或許得等到 99 歲，但只要我活著，就有機會。」

圖：主打天然的保養品品牌「樸葉原」是因顏羽旻父親慢性病併發後，產生皮膚敏感而開啟的創業理念

冷靜談判，壓力中展現勇氣與誠意

　　負債的壓力最終沒有壓垮她，反而成為她人生重要的養分，儘管像是活在一個看不見盡頭的隧道中，四周一片漆黑，顏羽旻如同蠟燭般，用盡全力點燃自己，設法一步步走到光亮的那一端。努力分析後，她採取兩項步驟，其一展現最大誠意，與廠商談判；其二，由於需要資金和設備，因此她便與廠商協調分期付款的可能性，讓她仍能保有一絲底氣繼續創業。

　　儘管面對債主，顏羽旻也感受到龐大的壓力，畢竟欠錢理虧，酸言酸語甚至不堪入耳的言詞蜂擁而來，但同時她也發現，在這些難聽言語的背後，人們並不是看不起她，反而是用另一種方式給予她機會從中學習、改正錯誤。她說：「學會如何談判是我在那段時間最大的收穫，債主也明白，如果讓我真的走投無路，他們什麼也得不到，留給我一口氣，我還能重新開始。」

　　除了勇敢面對問題，顏羽旻的巨大心量也是她能如鳳凰般浴火重生的原因之一。詢問她，難道都不埋怨讓她負債的會計嗎？她說：「與其檢討別人，不如檢討自己。發生這樣的事情，表面上是別人的錯，但我很清楚，正因我看不懂帳務，放任內部行政及業務後勤『自由發揮』才導致這一連串的負面連鎖反應。」掏空事件東窗事發後，會計早已脫產，即使提告也於事無補，既然木已成舟，顏羽旻選擇改變自己，不再讓自己有任何犯錯機會。

　　面對如山般的負債壓力，顏羽旻從這次慘痛的教訓中學習並勇敢前進。她重新梳理過去的經驗，並對公司的財務和營運細節更加謹慎，這段經歷即使痛苦，卻也賦予她更成熟的商業智慧和危機管理能力。

圖：顏羽旻創立的「週二食記」休閒食品品牌，以老物新創的理念，開發不少有趣且好吃的產品

創業四進四出，創立食品品牌「週二食記」

　　隨後，32 歲的顏羽旻又陸續創立另一個主打天然的保養品品牌「樸葉原」，由於 2015 年後數位網路崛起，保養品市場有了巨大改變，顏羽旻的韓國合作夥伴建議她嘗試食品創業。因此，2016 年她成立韓國公司「DECURIO KOREA」，同時代理台灣黑松 C & C、茶尋味、竹葉堂牛軋餅等商品，於韓國各大通路販售。

　　這成了她轉向食品產業，日後成立「東昕隆生技有限公司」的契機。2019 年她退出韓國公司的股份，專心於台灣本土公司的經營，並在台灣創立「週二食記」休閒食品品牌，拋開傳統方式開發與銷售休閒零食，改往完全自我風格的獨特創新類別，讓不少產品在單月銷售成績都相當顯著，也獲得許多消費者喜愛。2024 年東昕隆除了繼續深耕食品，也計畫推出一系列生活保養用品，來為公司營運創造更多不同凡響的契機。

　　經歷了這二十多年的創業歷程，重新振作的顏羽旻，即使路仍走得艱辛、但步伐顯得更加穩健。對她而言，創業不僅是賺錢，更是一場自我學習的重要旅程，她強調：「雖然我鼓勵年輕人創業，但同時我也強烈建議不要輕信別人的話。這條路充滿著挑戰，別人只會分享成功的瞬間，卻絕對不會告訴你最艱難的十年。」她提醒想要創業的人，必須從資金、時間、商品銷售通路等各個角度進行完善的通盤思考，遇到任何不懂的事，也不要擔心失去面子而不去問，「做一個老闆，要極盡所能不要臉地去詢問、學習；更重要的是親力親為，身體力行。」

　　創業的四進四出，從失敗中重新起身，迎向挑戰。她笑說：「希望這一次是最後一次創業了。」儘管生命充滿各種困難，但她仍樂觀的相信，當能以正面的眼光審視每一次挫折，那麼，每個困難皆隱藏一個個的寶貴機會，等著人們去發現與運用。

給讀者的話

海明威說：「生活總是讓人遍體鱗傷，但最後那些受過的傷卻會成為你身體最強壯的地方。」試想受傷的地方往往是自己最脆弱的部分，如何讓自己最脆弱的地方強壯？馬克吐溫也說過：「人一生中最重要的日子有兩天，一天是你出生的那一天，另一天就是找到自己的那一天。」

圖：因為疫情的影響，顏羽旻發現生活保養用品商機，2024 年將陸續推出子品牌「蕾絲帽」與「URDAY」生活用品

「認清不是認輸！」把自己不好的習慣、方式做一個調整，隨時檢視自己才能有效優化自己，與其期待別人給你援助或提醒，不如自己伸出手拉自己，這個力度比起旁人的協助還要大很多！也許那不經意的自我檢查就像每次考試後的最後檢查，工廠裡必要的標準作業化流程，看似沒有什麼，卻極為受用，只要養成習慣了，習慣變成癮了，自然而然對於每一件事情在思考上也能做到反射性地檢視再執行，這樣成功之路將在不遠矣。

人生跑馬燈，如同紅綠燈，當你感到茫然、失敗、無法認同自己的時候，請先靜下心來停看聽，你將會發現其實自己可以發掘到內心深處更多的無限潛能，將它發揮出來！

經營者語錄

王永慶曾說過：「經營者要有改革的心！」企業體本身營運出現狀況就要改善營運方針，人也一樣，做事結果不如預期就要修正，而「態度」正是決定未來的方向，能不能好好導正、不再走偏，自己內心最深處的「態度」與「恆心」是決定成功的關鍵要素。

如不希望自己在同樣的事情上重蹈覆轍，「靜下心來」、「審視自己」、「找到好的策略」、「反覆確認後再執行」是我在執行任何任務時必做的四步驟。無論是工作或生活，這四步驟都能帶領我減少出錯與失敗，畢竟眼睛是往前看的，永遠看不到自己的內心與身後，唯有靜下心來，檢視每一天所發生的人事物，才能在明天確保相同或類似的事情再發生時，能用最正確的方式去解決或把事情處理好，人生才能慢慢地前進，接近成功。

品牌核心價值

「週二食記」透過好食好玩，讓顧客的味蕾能得到最純粹的「滿足感」。商品中有我們希望營造的心靈滿足與品質嚴選的用心。新穎創意的包裝，更加入老物新創的產品開發，徹底顛覆吃零嘴的口感想像、不再只是老餅乾換了新包裝。

東昕隆生技有限公司

公司地址：台中市大里區國中路 3 巷 3 號　　　Facebook：週二食記 Tuesnack

聯絡電話：04-2407-4967　　　Instagram：@tuesnack_tw

創業名人堂 第六集
Entrepreneurship Hall of Fame

作　　　者——灣闊文化

企劃總監——呂國正

編　　　輯——呂悅靈

撰　　　文——張荔媛、劉佳佳、吳欣芳

校　　　對——林立芳、許麗美

排版設計——莊子易

法律顧問——承心法律事務所 蘇燕貞律師

出　　　版——台洋文化出版有限公司

地　　　址——台中市西屯區重慶路 99 號 5 樓之 3

電　　　話——04-3609-8587

製版印刷——昱盛印刷事業有限公司

經　　　銷——白象文化事業有限公司

地　　　址——台中市東區和平街 228 巷 44 號

電　　　話——04-2220-8589

出版日期——2024 年 2 月

版　　　次——初版

定　　　價——新臺幣 550 元

I S B N——978-626-95216-5-4 (平裝)

國家圖書館出版品預行編目資料：(CIP)

創業名人堂 . 第六集 = Entrepreneurship hall of fame / 灣闊文化作 .
-- 初版 . -- 臺中市：台洋文化出版有限公司 , 2024.02
　　面；　　公分
ISBN 978-626-95216-5-4 (平裝)

1.CST: 企業家　2.CST: 企業經營　3.CST: 創業

490.99　　　　　　　　　　　　　　　　112022317